増補改訂版

ISO 9001
2015年版
対応

内部監査力
パワーアップの
秘訣!!

~現場監査の強化と業務改善力の向上~

ベテラン審査員の
知恵と本音の
ノウハウ

~ 巻末付録 ~
「ISO 14001:2015年版と内部監査」を
追加掲載!

JQA 一般財団法人
日本品質保証機構

はじめに

　JQA は、第三者認証機関のパイオニアとして、ISO 認証の初期から審査に取り組み、第一人者として実績を重ねてきました。組織経営への寄与を第一として、培ってきた豊富な知見とノウハウをベースに、審査にとどまらず、教育・支援を含む総合的なサービスを提供しています。

　ISO 認証の活動を通じて高めたいことは、組織によってさまざまです。「製品、サービスの品質を高めたい」「自分たちの特徴を伸ばしたい」「視野の広い人材を育てたい」…。組織が、構築するマネジメントシステムを通じて得たい成果を、JQA では "組織のチカラ" ととらえています。

　2015 年に発行された ISO 9001：2015 年版は、この "組織のチカラ" を高めるための絶好のツールです。

　組織が ISO 9001 品質マネジメントシステムを採用する目的は、組織の事業計画や目標を実行、達成し、顧客のニーズや期待に応えた製品／サービスを提供し続けることによって、顧客満足を獲得することといえます。

　ところが、組織の ISO 品質マネジメントシステムへの取組みが本来の業務と別の活動のように進められ、一部の活動が形骸化し、審査に備えるためにマネジメントシステムを二重管理するという課題が指摘されるようになりました。このため 2015 年版の ISO 9001 は、要求事項の変更や追加を通じてこの形骸化・二重管理化という課題を解消し、よりビジネスに直結した取組みを可能とすることを意図した規格になりました。

　2015 年版の ISO 9001 に取り組むことで、組織は ISO の品質方針・品質目標と組織の戦略的方向性とを整合させ、それによって事業計画に沿った目標の達成へ向かうことができます。組織の事業活動・業務と ISO 9001 の要求事項に基づく活動を統合することで、ISO 9001 への取組みを、本来の事業活動・業務の遂行や改善の支えにすることが可能になります。

ISO 9001：2015 年版については、規格の項番に沿った解説が多く見られますが、本書は「ISO 9001 を現場でいかに活用するか」に焦点を当て、活用のポイントや内部監査を通じたステップアップのやり方をご紹介しています。本書のタイトルにあります「内部監査力」とは、内部監査員の力量だけではなく、内部監査を活用して現場の課題をいかに発見し、業務を改善していくか、という総合的な"組織のチカラ"をイメージしています。

本書には、審査での知見から得た豊富な事例やノウハウを数多く収めましたので、内部監査のレベルアップや業務改善のヒントを必ずや見つけていただけるものと自負しております。2015 年版の導入や移行を契機に"組織のチカラ"を高めたい、とお考えの組織の方に是非ご一読いただきたい内容です。

本書が、組織の現場で活用され、"組織のチカラ"を高める一助となることを心から願っております。

2016 年 12 月

一般財団法人 日本品質保証機構
マネジメントシステム部門　部門長
理事　福井　安広

増補改訂版発行に寄せて

　本書は、2016年12月に発行した「内部監査力パワーアップの秘訣!!」の増補改訂版です。初版は多くの方にご購入いただき、おかげさまでここに"増補改訂版"として新しい版を重ねることができました。JQAでは初となる出版という試みに対し、初版をご購入いただきました方より温かい励ましのお言葉、厳しい叱咤激励など多くのご意見を頂戴しました。ここに深く御礼申し上げます。

　初版につきましては、「内部監査を実施する際に、本書を参考によりレベルアップした監査への取組みを進めることができた」と大変嬉しいご意見をいただいております。

　その一方、初版を活用したセミナーなどで「具体的なチェックリストの作り方にも触れてほしい」というご要望も寄せられました。これについては、第2章「5 チェックリストのレベルアップ」の項を大幅に増強し、様々なチェックリストのスタイルやその意図などをご紹介しています。

　また、巻末付録として当機構のeラーニングサービス「ISO 14001 内部監査員 2015年版移行コース」で使用している教材を掲載することといたしました。本書の第2章～第7章はどんな規格にも応用できる普遍的な内容を多くご紹介していますが、今回収録した巻末付録と併せてお読みいただくことで、ISO 14001：2015年版を運用されている組織の方にもより一層本書を活用していただけるものと期待しています。

　組織で本書を活用され、より効果的な現場活動が展開されますことを祈念しております。

2018年11月

一般財団法人 日本品質保証機構
マネジメントシステム部門
審査事業センター
所長　江波戸 啓之

目　次

第一セクション　現場で活用する ISO 9001：2015 ………… 1

第 1 章　ISO 9001：2015 年版と内部監査　　　　　　2

1　改定の趣旨、内部監査の狙い…………………………………… 2

1（1）　パフォーマンス向上を目指す活動と仕組み作り ……… 2
1（2）　リスクへの取組みの強化と機会への対応 ……… 4
1（3）　技能、ノウハウの共有と活用 ……………… 5
1（4）　使いやすい仕組みのための提案 …………… 6

2　現場から見た内部監査活用のポイント ……………… 8

2（1）　現場のリスク対応力のレベルアップ ……………… 8
2（2）　現場の管理とパフォーマンス評価 ……………… 10
2（3）　ベストパフォーマンスの仕組みに向けて ……… 12
2（4）　顧客満足の向上と現場活動のポイント ……… 14
2（5）　設計・開発プロセス ……………………………… 17
2（6）　購買管理、外注管理 …………………………… 20
2（7）　使いやすい、分かりやすい仕組み作りへの工夫と努力 …………… 22
2（8）　標準化と改善のスパイラルアップを目指すポイント …………… 25
2（9）　変更管理 ……………………………………… 27
2（10）仲間の期待に応える是正処置 ……………… 30
2（11）プロセスアプローチと現場活動 …………… 33
2（12）内部監査への期待と効果 …………………… 35

第二セクション　内部監査力強化の基本 ……………… 39

第 2 章　効果的な内部監査のために　　　　　　40

1　内部監査の狙い …………………………………………………… 40

1（1）　業績向上に貢献する活動を引き出す ……………… 40

1（2）	現場活動を支える仕組み作りを	41
1（3）	内部監査のクライアントはトップマネジメント	42
1（4）	内部監査は現場監査にあり	43

2　組織の状況を踏まえた監査計画を立てる　44

2（1）	トップの内部監査に対する期待の理解	44
2（2）	被監査部署の状況の把握と監査計画	45
2（3）	組織の状況に合わせた内部監査の様々な取組み	46

3　事前打合せ会の活用　47

4　Win-Win の関係を作ること　48

5　チェックリストのレベルアップ　49

5（1）	チェックリストへの期待と課題を明確に	49
5（2）	多面的なチェック項目の展開	50
5（3）	チェックリスト作成と活用のステップ	51
5（4）	様々なチェックリストのパターンについて	52
5（5）	要求事項確認型チェックリスト	53
5（6）	業務プロセス確認型チェックリスト	56
5（7）	現場作業チェック型チェックリスト	59
5（8）	テーマ監査型チェックリスト	62
5（9）	要求事項活用型チェックリスト	63
5（10）	タートル図活用型チェックリスト	65

6　監査員サポートの枠組み　70

第3章　監査力向上の基本ポイント　71

1　形式的不適合から仕組みの改善へのステップ　71

1（1）	「形式的な不適合と不十分な是正処置」について	72
1（2）	何故良くならないのか	73

1（3） 良い是正処置のために	74
1（4） 形式的な不適合に対する良い是正処置の事例	75

2 幅広く現場の課題を発見する 76

2（1） 直接的に現場の課題を発見するために	76
2（2） 見つける能力を高める"気づきの監査"	77
2（3） 多面的に情報を集めて原因追究力を高める	79

3 ヒューマンエラーへの取組み 80

3（1） ヒューマンエラーに対する不十分な是正処置について	80
3（2） ヒューマンエラー解消のアプローチ	81
3（3） アプローチ1 データを集めて原因の追究を	82
3（4） アプローチ2 作業技能、手順の習得ステップをチェック	84
3（5） アプローチ3 ヒューマンエラーと仕組みの関係をきめ細かくチェック	85

4 記録チェックの基本 86

4（1） 何のために記録をチェックするのか	86
4（2） 記録チェックの方法と改善ポイント	88
4（3） ISO9001：2015 年版の考え方について	93

5 文書（手順書など）チェックの基本 94

5（1） 何のために文書をチェックするのか	94
5（2） 文書のチェック及び改善のポイント	95
5（3） 使われない、守られない「手順、マニュアル」への対策	97
5（4） ISO9001：2015 年版の考え方について	99

6 不適合の影響を把握してベストプラクティスの対策を 100

第4章 質問の仕方、狙い　　103

1 質問の基本 103

2 作業者、担当者への質問 ～日頃感じる疑問点など ……………………… 105

2（1） 作業手順の確認、責任、権限、製品知識、工程知識などの確認 ……… 105
2（2） 異常時の対応は適切か …………………………………………… 108

3 管理者への質問 ……………………………………………………………… 110

3（1） 質問の基本 ………………………………………………………… 110
3（2） 「監視測定やデータ収集分析」のヒアリング …………………… 112
3（3） 工程間・部署間・プロセス間の連絡、協力について …………… 115

第三セクション
内部監査の指摘力、及び是正力強化の実践編 …………… 119

第5章　現場監査のポイント　　　　　　　　　　　　120

1 現場の管理状態のチェック ～効果的に課題を発見する ……………… 120

1（1） 現場の日報、管理表などで日常的な課題を発見する ……………… 121
1（2） 変更の管理がうまく行われているか ……………………………… 127
1（3） 現場でのリスク及び機会への取組みは十分か …………………… 132
1（4） ムリムダムラは発生していないか ………………………………… 138

2 現場作業のチェック ～ミスの防止と作業改善 ……………………… 144

2（1） 作業の基本動作は守られているか ………………………………… 144
2（2） 作業者の動線のムリムダムラは …………………………………… 150
2（3） 作業環境は必要にして十分か ……………………………………… 154

3 製品のチェック ～ムリムダムラの解消 ……………………………… 158

3（1） 製品の保存、仕掛かり管理 ～漏れのない管理を ……………… 158
3（2） 製品の識別、ロット管理 ～ケアレスミス発生の防止 ………… 163
3（3） 製品の動線、工程内在庫 ～日常のきめ細かい管理を …………… 167
3（4） 治工具の効果的管理 ～実際の現場の課題を見つける …………… 171

4　部門別のチェック　〜機能的な活動に向けて ……………………… 175

　　4（1）　営業部門のチェック ………………………………… 175
　　4（2）　間接部門のチェック ………………………………… 179

第6章　課題発見力のレベルアップ　183

1　曖昧な活動基準をチェックする ………………………………… 183

2　期待された活動かの視点でチェック・改善する ……………… 186

3　多面的に事実を確認して課題を浮かび上がらせる …………… 191

第7章　実践的に是正力（改善力）を高めるポイント　196

1　課題を正しく把握する ……………………………………………… 196

2　是正力（改善力）強化のポイント ……………………………… 200

3　原因を潰さない管理強化だけの対策をやめる ………………… 201

4　ミスリードを防ぐ是正処置報告書について …………………… 205

5　効果確認で是正処置の定着度を高める ………………………… 208

6　是正処置の報告　〜マネジメントレビューへのインプット ……… 209

巻末付録

「ISO 14001：2015 年版と内部監査」 ……………………………… 211

1　改定の趣旨、内部監査の狙い …………………………………… 212

1（1）　環境の保護 ………………………………………………… 212
1（2）　環境マネジメントシステム規格の改定 ………………… 214
1（3）　環境マネジメントシステムの内部監査 ………………… 215

2　戦略的な環境マネジメント ……………………………………… 216

2（1）　組織の事業戦略と整合のある環境マネジメント ……… 216
2（2）　リーダーシップ ………………………………………… 217
2（3）　環境パフォーマンスの重視 …………………………… 219
2（4）　環境目標 ………………………………………………… 221

3　リスク及び機会への取組み ……………………………………… 223

3（1）　リスク及び機会への取組み …………………………… 223
3（2）　環境側面、緊急事態 …………………………………… 225

4　事業プロセスへの統合 …………………………………………… 227

4（1）　環境マネジメントシステムを構成するプロセス ……… 227
4（2）　日常業務が環境活動につながっている ……………… 230
4（3）　要員の力量と認識 ……………………………………… 232
4（4）　順守義務と順守評価 …………………………………… 233

5　ライフサイクル思考 ……………………………………………… 235

5（1）　ライフサイクルの視点 ………………………………… 235
5（2）　アウトソースを含む外部提供者の管理 ……………… 237

6　環境コミュニケーション ································· 239

6（1）　環境コミュニケーションの確立 ···················· 239
6（2）　文書化した情報と内部コミュニケーション ········· 240
6（3）　広く利害関係者を想定した外部コミュニケーション ·········· 242
6（4）　変更管理 ··· 244

7　内部監査への期待と効果 ···························· 246

7（1）　トップマネジメントの期待に応える内部監査 ········· 246
7（2）　内部監査プロセス ································ 247
7（3）　環境活動に伴う不適合の発見と是正処置 ············ 248
7（4）　効果的な内部監査で現場の課題解決を ·············· 249

Section One

第一セクション　現場で活用する ISO9001：2015

　　第一セクションでは、現場から見た ISO9001:2015 年版の理解と活用の
ポイントについて考えます。

　　ISO9001:2015 年版の解説については、項立ての順番での解説が多く見
られますが、本書では、現場の管理者や担当者が ISO9001:2015 の仕組
みを活用して、現場改善を進めるための大切なテーマについて考えていき
ます。

　　第一節では、ISO9001:2015 年版の活用の基本的なポイントについて理
解を深めます。

　　具体的には「パフォーマンスと仕組み」「リスクへの取組み」「技能、ノウ
ハウの共有と活用」「使いやすい仕組み」などの視点で活用ポイントについ
て考えていきます。

　　まずは、パフォーマンスの向上を支える効果的な仕組み作りについて多
面的に考えていきます。

　　次にリスクに関しては、「現場の管理活動」や「作業の効率性や安定性」
を確保するため、現場レベルでの積極的なリスクへの取組みを深める必要
がありますので、その指針について考えていきます。

　　リスクへの取組みは、既にほとんどの組織で実践されていますが、
ISO9001:2015 年版の要求事項を活用することで、より効果的で洗練され
た活動を展開することができます。

　　また作業や活動などの技能、ノウハウの共有に関しては、ISO9001 の本
来的な機能の一つは、管理ノウハウや作業ノウハウの共有により、組織活
動の有効性を向上させることにあります。ISO9001:2015 年版では、改め
てその点を深め、強調しているので、具体的に理解を進めていきます。

　　第二節では、これらの基本を理解した上で、現場の活動や作業のレベル
アップのために、ISO9001:2015 年版の仕組みを活用し、どのように展開
していくかを主要な 12 のテーマを中心に考えていきます。

第一セクション　現場で活用する ISO9001:2015

第1章　ISO9001:2015年版と内部監査

1　改定の趣旨、内部監査の狙い

1（1）　パフォーマンス向上を目指す活動と仕組み作り

　なぜ今回 ISO9001 規格が改定されたのか、その最も簡単な答えは、「ISO9001 は、もともと定期的な見直しと改定がプログラムされているから」ということになります。ご存知のように前回の改定は 2008 年でした。その前は 2000 年、1994 年にも改定されています。

　今回は特に、ISO がマネジメントシステムの共通要素を制定したことにより、要求事項を全て書き直すという変化の大きな改定となりました。

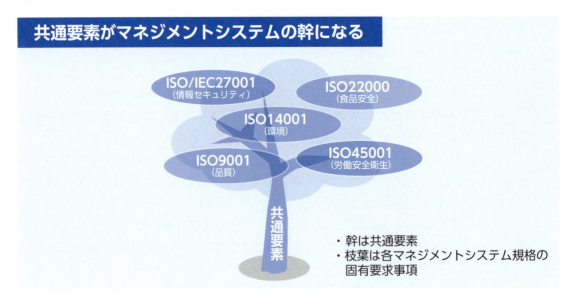

　共通要素とは、全ての ISO マネジメントシステムの構造つまり章立てを共通化しよう、というものです。そのため、ISO9001 だけでなく環境マネジメントシステムである ISO14001 や、情報セキュリティマネジメントシステムである ISO27001 など、複数の規格を統合して運用する場合の助けになります。これはユーザーとしても便宜性が高まります。

　また、共通要素にはリスク及び機会への取組み、パフォーマンス評価といった要求事項を、従来の PDCA サイクルやプロセスアプローチとともに規格に組み入れています。このことにより、現在そして今後 10 年間のビジネス環境を考慮して、使用に耐えうるマネジメントシステム規格を目指したものとなっています。

　共通要素に組み入れられた大事な点の最後は、本来の業務の中に ISO マネジメントシ

ステムを取り込んで活動するということです。実務とISOが二重化したり仕組みが形骸化している活動をISOは求めていないことを明確に打ち出しています。

2015年版の規格では **9 パフォーマンス評価** というタイトルで、品質マネジメントシステムに関わる全てのパフォーマンスを取り扱う要求事項があります。例えば、製品及びサービスの特性を監視・測定することは、その製品及びサービスの合否判定をするだけでなく、それらを提供するプロセスのパフォーマンスを評価するデータとなります。製造やサービス提供のプロセスには、同時に効率や歩留まりといったパフォーマンスデータもあるでしょう。プロセスや部署で設定された品質目標の達成状況もまたパフォーマンスを示すデータです。その他のプロセスにも、それぞれのプロセスに応じたパフォーマンスがあります。これら品質マネジメントシステムを構成する全てのプロセスのパフォーマンスを評価したうえで、総合的に顧客満足が向上している、売上高が増加している、顧客苦情が減少している、など、品質マネジメントシステムとしてのパフォーマンスの評価ができることになります。

9 パフォーマンス評価 の一連の要求事項は、2008年版の監視及び測定やデータの分析といった要求事項をマネジメントの観点から拡張したものであるといえます。その上で **10.1（改善）一般** では、品質マネジメントシステムのパフォーマンスの改善や有効性の改善に取り組むことが要求事項となっており、**10.3 継続的改善** に繋がっていくというのが2015年版の規格です。

内部監査においてこれらパフォーマンスの分析及び評価をおこなう、という考え方もありますがそれは間違いです。それぞれのプロセスや部署の管理者が、自らの仕事として適切なパフォーマンス指標を把握し、その結果や実施状況を分析し評価することが、本来の管理者の務めです。内部監査では、それが有効に実施されていることを、監査員の目で確認します。つまり、プロセスのパフォーマンスを分析及び評価するのが管理者の役割で、それが改善に結びついていることをチェックするのが内部監査の役割となります。

マネジメントシステム規格の章立てとPDCA

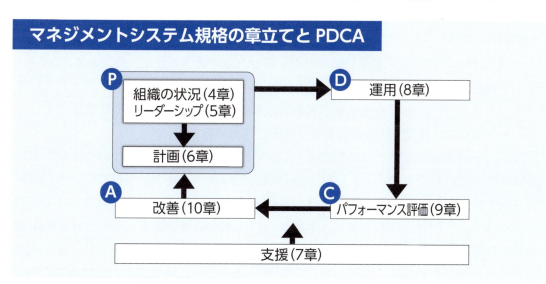

第一セクション　現場で活用する ISO9001:2015

1 （2）　リスクへの取組みの強化と機会への対応

　リスクへの取組みは、現在のビジネス環境を考えたときに避けて通ることはできない重要事項でしょう。従来の ISO9001 にもリスクについての考え方が含まれていたわけですが、リスクという言葉は全く使われていませんでした。そういう意味で今回、リスクへの対応が要求事項として明確になったことの意味は大きいといえます。

　リスクとは「不確かさの影響」と定義されるように、現在の不確かさが、将来もたらすであろう影響のことです。この影響は、予想より好都合な影響もあるし、不都合な影響もあります。

　従来のリスクはこのうち不都合な影響のみを扱ってきましたが、ISO の定義ではリスクには好都合と不都合の両方向の影響があるとしています。不都合な影響に対する取組みについての考え方は、従来の規格にあった予防処置の延長線上にあります。

　一方、機会とは何を意味するのでしょうか。そのひとつの答えは、リスクへの取組みが将来に対する備えであるのに対し、機会への取組みは、今やるべきことの決定である、というものです。より良い結果を求めて今できることは何か、を考え、機を逃さず実行に移すことです。

　品質マネジメントシステムとして取り組む必要があるリスク及び機会を決定する、というのが **6.1.1** の要求事項です。2015 年版を解説した本には、リスク及び機会を見つけるための手法として様々なリスクマネジメント手法が紹介されています。しかし、これらを決定する過程について、規格では特段の定めはありません。リスクマネジメント手法を用いるのも一法ですが、管理者が集まった会議で合意する、という手法でも良いわけです。リスク及び機会については、序文の **0.3.3 リスクに基づく考え方**や附属書 **A.4 リスクに基づく考え方** に詳しく解説されています。

　重要なことは、取り組む必要があるリスク及び機会を決定する過程ではなく、それに取り組んでリスクを軽減し機会を現実のものにすることです。そのため規格では、これらの取組みが有効であったかどうか、取組みの効果を判断することが要求事項となっており、その結果はマネジメントレビューのインプットの考慮事項となっています。つまり、リスクが軽減している又は機会が現実のものになっている、とトップマネジメントが納得できるような取組みの成果をマネジメントレビューで報告できることが重要です。これは、従来の管理責任者が活動の成果として報告する内容です。

　取り組む必要があるリスク及び機会について、内部監査の狙いは 3 つあります。ひとつめはすでに取り組むと決定したリスク及び機会の計画が実施されているか、有効性が評価されているか、を規格要求事項に基づき監査することです。ふたつめは、その取組みの計画について取組み内容や範囲、時期について適切性を判断することです。取り組むと決めた視点は優れたものであっても、限られた部署のみでの取組みでは十分な効果を生まない場合があります。最後は新しいリスク及び機会の発見です。現場重視の内部

4

監査で最も期待される部分です。

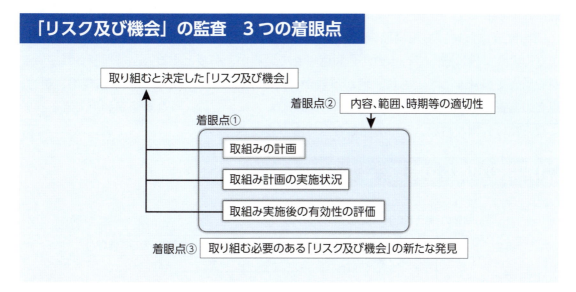

1（3）　技能、ノウハウの共有と活用

　2015年版で追加された要求事項に **7.1.6 組織の知識** があります。これは、附属書 **A.7 組織の知識** にあるように、プロセスの運用を確実にし、製品及びサービスの適合を達成するために必要な知識を対象としています。
　これらが今回の改定で取り込まれた理由は、組織の知識が「製品及びサービスの適合並びに顧客満足の向上を目指す組織の活動」に不可欠な要素であり、それを品質マネジメントシステムの管理の範囲に入れる必要があると判断したためです。今回追加されたといっても、今までこれらを無視して事業運営を行ってきた組織は皆無でしょう。**7.1.6** には、その取組み方法として「この知識を維持し、利用できる状態にしなければならない。」という要求事項があります。知識を維持するためには、第一に失わないようにすることです。単に人に依存した知識は簡単に失われてしまいます。それを防ぐ仕組みが重要です。次に新たに必要な知識を獲得すること。変化に対応した新しい知識は常に必要ですし、失敗から学ぶ知識というものもあります。
　このように見てくると、組織の知識は手順書や指示書にすでに反映されており、「維持し、利用できる状態にする」というのは文書管理の要求事項と同じである、と言えるかもしれません。しかし、新しい要求事項となった理由は、文書化した情報として維持されるものの範囲を超えて、必要とする「知識」そのものに注目するためです。外部の知識源から知識を収集することが、**7.1.6** の注記2に取り上げられているのはそのためです。
　業務のノウハウをいわゆる「見える化」していくことに取り組んでいる組織が多くあります。「見える化」したひとつひとつのものは、当然、文書化した情報として維持して

いく対象となるわけです。しかしこれらは同時に、組織の知識を利用できる状態にする活動として重要です。

内部監査においても現場監査の重要性の理由がそこにあります。現場の「見える化」がどのように役に立っているのか、利用されているか、必要とする人々に理解されているかを監査で確認するとともに、何が不要か、何が不足かを明らかにします。現場、現物、現実の監査を通して課題を発見し、その解決のために、どのような知識が利用できる状態にならなければならないか、を話し合ってみてください。

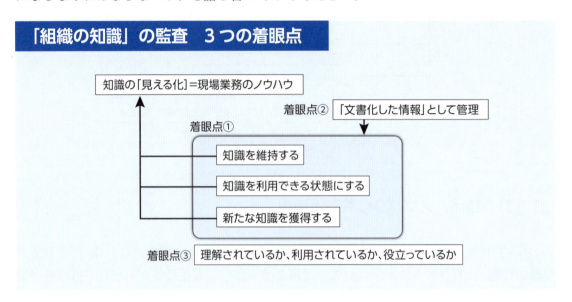

1（4） 使いやすい仕組みのための提案

「事業プロセスへの要求事項の統合を確実にする」という言葉が、**5.1.1（リーダーシップ及びコミットメント）一般 c）** に出てきます。ISO マネジメントシステムは、それだけを取り上げて別途実施するものではなく、日常の業務プロセスの中に組み込んで実施するものである。そのことをトップマネジメントが率先してコミットしなければならない。そういう強いメッセージが込められています。ISO マネジメントシステムの本来のあるべき姿を示しているといえます。

そのためには、規格中心の考え方から業務中心の考え方へと方向転換を図らなければなりません。「～をしなければならない。という要求事項があるから、～を実施している。」ではなく、「業務のこの部分は、要求事項のこの部分に該当する。だから～をすることが必要だ。」という理解への転換です。

従来の ISO マネジメントシステムは、「～をしなければならない。」という要求事項に対し「～手順書」を作り、それを実施している証拠としての記録を作る。これを積み上げて構築するものという意識がありました。このようにして構築されたシステムを運用され

ているところは今でも多くあると思います。しかし、このようにして作られた手順書の多くはやがて変化に対応できなくなり改定されないまま放置されるか、手順書があるというだけで実施される活動となって形骸化し、ムリムダムラの温床となっています。2015年版では「文書」という紙を連想する用語ではなく「文書化した情報」という「情報」を重視した用語を使うことによって、硬直した手順書からの開放をめざしています。

　しかし、柔軟な手順の決定だけで、使いやすい仕組みが実現できるものではありません。仕組みを運用する人たちにとっての働きやすい環境が同時に必要でしょう。2015年版では **7.1.4 プロセスの運用に関する環境** という要求事項があり、社会的、心理的、物理的な要因を適切に管理することにより、プロセスの運用に必要な環境を実現しなければならない、としています。ここで必要な環境の基準とは、働く人が単に快適に作業できることだけではなく、働く人の力量が発揮されてプロセス運用のパフォーマンスが向上するような環境を実現できる基準です。また、**7.3 認識** にはパフォーマンスの向上によって得られる便益を含む、品質マネジメントシステムの有効性に対する自らの貢献を認識する、とあります。この認識を確かなものにするためにも、働く人々に配慮した環境が必要ですし、それが整って初めて使いやすい仕組みを持ったプロセスが実現できるのではないでしょうか。

　2015年版については、**4 組織の状況** や **6.1 リスク及び機会への取組み** といった要求事項の追加に加え、**5.1 リーダーシップ及びコミットメント** の記載の充実、など経営視点の改定部分が多くあり、そのことを重要視した解説が多く見られます。一方で経営を支える現場管理の道具としてのISO9001のあり方が見過ごされているのではないでしょうか。現場で使える仕組みづくり、それを支援するためのISO9001を再発見する必要があります。内部監査はそのための強力なツールになると確信しています。

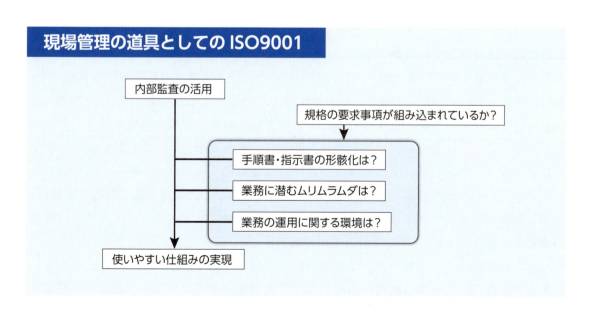

第一セクション　現場で活用する ISO9001:2015

2　現場から見た内部監査活用のポイント

2（1）　現場のリスク対応力のレベルアップ

－現場の立場でリスクを理解し、程度に応じたリスク管理を
－実践的なリスク管理

　リスクへの取組みは ISO9001:2008 年版の予防処置の延長線上にあります。しかし、予防処置の要求事項を上手に利用していた組織は少ないと思います。2015 年版では、リスクに基づく考え方が大きく取り上げられていますので、「リスク及び機会への取組み」として、初めからデザインし直すことをお勧めします。

　リスク及び機会の意味するところについては 1（2）ですでに述べた通りです。取り組む必要があるリスク及び機会を決定する過程について、規格では特段の定めがありませんが、これを考える時重要なことは、現場における「不確かさ」をまず見つけることです。製品品質に影響のあるものとして、原料の品質の不確かさ、機械の稼働状況の不確かさ、作業員に起因する不確かさ、等々が考えられます。製品に直接関係ない職場でも、仕事に関わる不確かさを同じように見つけることができます。

　多くのものは、不都合な影響のある不確かさとして思い浮かぶはずです。それらの中から取り組む必要があるものを決定します。というより、すでに取り組んでいるものが多くあると思います。機会を捉えた取組みというものもあれば、それも挙げておきます。今年、設備の更新があることを機会に業務手順書の見直しに取り組んでいる、というような例です。

　次に、それぞれの取組み方法を計画します。単に「注意しています」や、「発生したらすぐに対応しています」というのは取組みではありません。不都合な影響を小さくするための取組み計画です。計画の中には、その取組みの有効性を評価する方法を計画することも含まれます。ここまでが PDCA の P（Plan）にあたります。D（Do）は実施です。実施にあたっては、日常的な業務と一体化したものとなるよう工夫します。C（Check）は先に計画した有効性を評価する方法に従って実施します。監視・測定を伴うことがほとんどでしょう。評価の結果は不確かさの度合いが減ったかどうかで判断します。製品品質の不確かさであれば、品質のばらつきが減ったかどうかを数値で明らかにすることができます。その後の必要とする改善が A（Act）であることは言うまでもありません。確実な改善によってリスク対応力のレベルアップをはかります。ここにリスク及び機会の取組みを管理する PDCA を見ることができます。

　リスク及び機会への取組みは、その潜在的な影響と見合ったものでよい、となっています。つまり、取組みには費用対効果を考え、過剰でも過小でもない取組みが必要ということです。管理の面では、誰がいつどのように有効性を評価するのか、といった点に

管理の程度があらわれますが、当然そこにも強弱があります。
　内部監査では、上記で説明したように規格要求事項に沿ったリスク及び機会への取組みの PDCA を見ていくことになります。

リスク及び機会への取組み

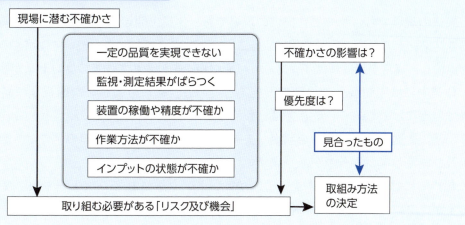

この図に示した関係を参考に、内部監査では以下のポイントを確認すると良い。

内部監査のポイント

○それぞれの部署やプロセスの監査で、
・取り組む必要があるリスク及び機会を決定している。**6.1.1**
　一定の品質を実現できない不確かさ。監視・測定結果の不確かさ。人の作業手順の不確かさ。
　装置の稼動と精度の不確かさ。インプットの不確かさ。など
・決定したリスク及び機会は **4.1** の課題、**4.2** の要求事項を考慮している。
・これらのリスク及び機会に取り組むための計画がある。**6.1.2**
・取組みが実施されていることを示す証拠がある。**6.1.2、8.1**
・取組みの有効性を評価する方法を計画している。**6.1.2、9.1**
・取組みの有効性を評価する方法に基づき監視・測定を実施している。**9.1**
・監視・測定結果に基づき、取組みの有効性を分析・評価している。**9.1.3**
・内部コミュニケーションにより必要部署に取組みの情報を伝達している。**7.4**
・取組みに必要な力量のある人が取り組んでいる。**7.2**
・取り組む人は自らの貢献を認識している。**7.3**
・取組み手順を文書化した情報として維持している。**7.5**
・品質マネジメントシステムの継続的改善のための検討をしている。**10.3**

○マネジメントシステムの監査で、
・マネジメントレビューへのインプットとして考慮している。**9.3.2**

第一セクション　現場で活用する ISO9001:2015

2（2）　現場の管理とパフォーマンス評価

－効果的な活動を支える仕組みとは何か
－実践的な監視、測定、分析及び評価の仕組み

　製造の現場でも、サービス提供の現場でも、作業の開始は、今日の作業の種類、達成すべき結果、そのための手順を確認することから始まるでしょう。続いて使用する設備、装置を点検し、異常が無ければインプット（原材料）を投入して作業のプロセスが始まります。

　作業中には中間製品の段階で実施するものも含め、さまざまな監視及び測定が実施されていることでしょう。ここでは、製品及びサービスの監視及び測定として、合否判定基準に基づき適合か不適合かを判定します。そのほか、作業や処理のプロセスそのものを監視及び測定しているものがあります。

　最終的には、製品またはサービスがアウトプットされて、次工程や顧客に引き渡されますが、プロセスの開始から終了までを管理された状態で進めることが、確実な結果を得るために必須です。以上のことが規格の**8.1 運用の計画及び管理** 及び**8.5.1 製造及びサービス提供の管理** の要求事項と密接に関連していることを内部監査員は理解しなければなりません。

　プロセスが計画どおりに実施されたことを示す記録として、機器を点検した記録、一定時間毎に計器が示す数値の記録、サンプルを検査した記録、投入労働時間数や生産数量といったデータの記録、などがあるでしょう。これらは全て、監視及び測定の結果の記録です。記録は正確でなければなりません。記録された時にその対象がどのような管理状態であったかを、後になって振り返るときに、正確に知る必要があるからです。

　「パフォーマンス」は、ISO9000:2015 3.7.8 で「測定可能な結果（measurable result）」と単純に定義されています。また、ISO9001:2008 では、「成果を含む実施状況」という訳語が当てられていました。製造のプロセスであれば、製品の歩留まりや生産効率といった成果を表す数字がパフォーマンスであると理解すると良いでしょう。また、「歩留まり」や「生産効率」としてパフォーマンスを表す時、これらを「パフォーマンス指標（パフォーマンスインデックス）」と呼びます。現場では「歩留まり」や「生産効率」は、一定レベルになるように管理されています。従ってこれらは管理のための「指標（管理指標）」でもあります。つまり、工程の監視及び測定の記録をもとに、生産効率、歩留まり、合格率、ばらつきなどのパフォーマンス評価の指標を用いてプロセスを分析、評価することによって、プロセスが管理されているかどうかを判断します。また、分析及び評価によってムリムダムラを見出し、仕組みを改善する余地がどこにあるかを判断するわけです。

　物を扱わないサービス提供の現場や事務仕事の現場では、パフォーマンスを数値化して表すことは少ないかもしれません。これは逆に言うと、管理が行き届いていない現場が多いということになります。

監視及び測定について **9.1.1（監視、測定、分析及び評価）一般** では、監視及び測定の結果を分析及び評価する時期とその方法を決めることを要求しています。監視、測定の結果は、分析、評価のために使われることが前提ですから、分析、評価をしていない監視、測定は無駄な活動となります。何を目的に評価するのかということも重要です。この目的については、ひとつの監視及び測定の結果が複数の目的に使われることがあるということを忘れないでください。現場では、これらの監視及び測定をする人、分析及び評価をする人は、その目的を理解した力量を備えた人である必要があります。

　内部監査においては、それぞれの現場ごとに管理された状態であることの確認、パフォーマンスの監視及び測定が決められたとおりに正しく実施されていることの確認を行うとともに、それぞれの管理者が監視及び測定の結果をどのように分析及び評価をしているか、を見る必要があります。加えて、分析及び評価の結果がマネジメントレビューを通じて、システム全体の改善につながっていることを確認することも重要です。

プロセスとパフォーマンス評価

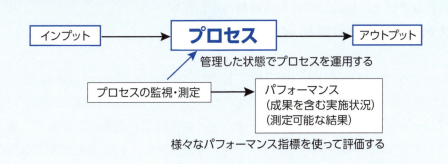

この図に示した関係を参考に、内部監査では以下のポイントを確認すると良い。

内部監査のポイント

○**それぞれの部署やプロセスの監査で、**
・製品及びサービスの提供に関する要求事項を満たすために必要なプロセスを計画している。**8.1**
・製造及びサービスの提供を管理した状態で実行している　**8.5.1**
　a）文書化した情報が利用可能　**4.4.2、7.5**
　b）監視及び測定のための適切な資源の利用　**7.1.5**
　c）適切な段階での監視及び測定活動の実施　**9.1.1**
　d）適切なインフラストラクチャ及び環境の使用　**7.1.3、7.1.4**
　e）力量を備えた人々　**7.2**
　f）プロセスの妥当性確認及び妥当性の再確認　**9.1.3**
　g）ヒューマンエラーを防止するための処置　**7.1.6**

第一セクション　現場で活用する ISO9001:2015

h) リリース、顧客への引渡し、引渡し後の活動の実施　**8.6**
- 監視および測定の結果を分析・評価している　**9.1.3**
- 力量を備えた人が分析・評価している　**7.2**
- 製品及びサービスの改善の機会を明確にして、必要な取り組みを実施している　**10.1**

○マネジメントシステムの監査で、
- マネジメントレビューのインプットとして考慮している　**9.3.2**
- マネジメントレビューのアウトプットに決定事項と処置が含まれている　**9.3.3**
- システムのパフォーマンス及び有効性の改善の機会を明確にして、必要な取り組みを実施している　**10.1**

2（3）　ベストパフォーマンスの仕組みに向けて

－多面的な評価と一体的な改善で全体最適を目指す
－ベストエフォートの仕組みへの挑戦

　目標について、ISO9000:2015 3.7.1 では「達成すべき結果（result to be achieved）」と定義しています。先に説明したパフォーマンスの定義と組み合わせると、目標はパフォーマンスの一部を取上げて達成すべき到達点を示したものといえます。このようにパフォーマンスと目標は全く別のものではありません。現場の状態や状況を表すパフォーマンスには様々なものがあり、パフォーマンス指標として表されることを述べました。その中からいくつかの重要なパフォーマンス指標は「鍵となるパフォーマンス指標（キー パフォーマンス インデックス：KPI）」と呼ばれることがあります。すでにおわかりのように、KPI の中でも特に改善を必要として、その達成すべき結果を示したものが目標となります。ISO9001 では、製品やサービスの品質に関して、また品質マネジメントシステムのパフォーマンスに関して達成すべき結果という意味で「品質目標」といっています。現場における品質目標は、上位にある課や部の目標に、課や部の品質目標は全社の目標につながっているはずです。実際は、品質方針を基に全社の目標が先に決定されて、それを部や課に、続いて現場にと展開していく、という手法がとられます。現場に展開された品質目標を個人の目標にまで展開している組織も多くあります。
　現場の状態や状況を表すパフォーマンスには様々なものがありますが、それらは個々バラバラに存在するのではなく、多くのものは相互に関連し合っています。先にあげた例でいうと、「歩留まり」の向上は不良品を生産しないことを意味しますので、一般的に「生産効率」も向上します。「生産効率」の向上を目標とした場合には、歩留まりだけでなく、チョコ停や段取り替えといった非生産時間、配置人員数と投入労働時間数など、生産効率

に影響する様々な要因を分析して、改善のために最も効果の高い取組みを計画することが必要です。このように、目標達成のためには、目標となったパフォーマンス指標のみを追いかけるのではなく、それに影響を与える要因を分析し、多面的な評価をおこない、そこに潜む課題を取りあげて改善する、という取組みが必要です。

現場の目標は全社の目標につながっているわけですから、現場の課題解決と改善努力によって目標が達成されることは会社全体の目標達成に貢献することになります。しかし、多くの場合、ひとつの現場だけの努力では会社業績への貢献はわずかです。全社目標を展開した全ての現場を俯瞰して、取組みの進捗を見る必要があります。いわゆるボトルネックの解消です。それにより、ひとつの現場では見えない隠れた問題点を発見でき、資源配分や業務負荷の点で合理性が生まれ、全体的な最適化を図ることができます。

実はISO9001の中には、どうすればパフォーマンスを向上させることができるか、ということは書かれていません。パフォーマンスを向上させるためにどのような仕組みを作れば良いか、が書かれています。つまり、ISO9001は仕事の仕組みづくりの道具なのです。ISO9001の中に組み込まれたPDCAサイクルは改善のための道具として有名ですが、それだけでなく、各要求事項の組合せは必要最小限を意識したスリムな管理システムの提案でもあります。ISOに取り組むと仕事が増える、というのが一般的に言われている事ですが、そうではなく、余分な仕事をなくして効率化できる、というのが本来の姿です。

内部監査では、個々の現場の品質目標の結果を見て、達成した／しないの判断で終わることなく、個々の取組みが全体的な品質目標の達成につながっていることを確認することが必要です。また、一連の内部監査を通じて、全体最適が考慮されているか、ボトルネックは何かといった課題を発見することに努め、システム全体を視野に入れた仕組みの改善を提案していくことが重要です。

全体最適を目指す取組み

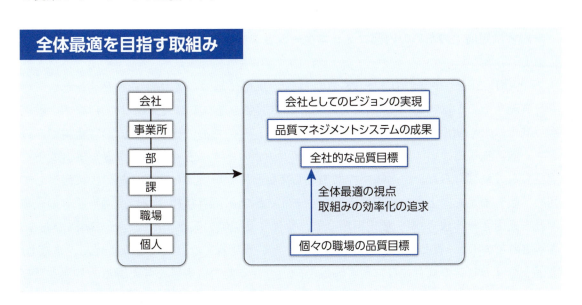

この図に示した関係を参考に、内部監査では以下のポイントを確認すると良い。

第一セクション　現場で活用する ISO9001:2015

内部監査のポイント

○それぞれの部署やプロセスの監査で、

・品質目標が確立されている　6.2.1
・品質目標を達成するための計画がある　6.2.2
・品質目標の取組みを実施するために必要なプロセスがある　6.2.2、8.1
・品質目標の結果を評価する方法を計画している　6.2.2、9.1
・結果の評価方法に基づき監視・測定を実施している　9.1
・監視・測定結果に基づき、結果を分析・評価している　9.1.3
・内部コミュニケーションにより必要部署に情報を伝達している　7.4
・品質目標の取組みに必要な、力量ある人が取り組んでいる　7.2
・品質目標に取り組む人は、自らの貢献を認識している　7.3
・品質目標に関する文書化した情報を維持している　6.2.1、7.5
・品質マネジメントシステムの継続的改善のための検討をしている　10.3

○マネジメントシステムの監査で、

・品質方針を確立し 、伝達している　5.2.1、5.2.2
・品質方針と整合した品質目標が、関連する機能、階層及びプロセスで確立している　6.2.1
・マネジメントレビューのインプットとして考慮している　9.3.2

2（4）　顧客満足の向上と現場活動のポイント

－顧客要求事項の正しい理解が現場活動でも基本
－顧客満足向上のための内部コミュニケーションの充実

　ISO9001:2015 序文の **0.1 一般** には、「この規格に基づいて品質マネジメントシステムを実施することは、**b)** 顧客満足を向上させる機会を増やす。」と書かれています。顧客満足向上は ISO9001 の基本概念のひとつであり、そのための施策として顧客重視があります。顧客重視については、トップマネジメントがリーダーシップ及びコミットメントを実証しなければならない、と規格では規定していますが、実際は現場活動の中に浸透して初めて顧客満足を向上させる取組みとなります。**5.1.2 顧客重視** にある、**a)** 顧客要求事項及び適用される法令・規制要求事項　は、関係する組織の人々全てにとって明確であり、理解されており、一貫してそれを満たしているという認識でなければなりません。また **b)** 製品及びサービスの適合並びに顧客満足を向上させる能力に影響を与え得る、リスク及び機会　は、日ごろから顧客との接点を持つ現場の感性によって特定されるものも多くあり、それらへの取組みもまた現場主体で行うことでより効果的なものとなるでしょう。

9.1.2 顧客満足 では、顧客満足は監視しなければならない、としています。顧客の受け止め方を監視する方法として、注記にいくつかの例が挙げられています。

組織にとって顧客との関係は、製品やサービスを提供することによって築かれます。提供する製品やサービスがどのようなものであるか、それを明確にするのが **8.2.2 製品及びサービスに関する要求事項の明確化** の要求事項です。ここでは、組織の側で要求事項の内容を決めることになります。次に **8.2.3 製品及びサービスに関する要求事項のレビュー** でレビューする時に、顧客が規定した要求事項を組織として満たす能力があるのかどうか、レビューすることになります。ここでいう能力には、顧客が求める品質や性能が発揮できる製品やサービスを提供する能力に加え、提供する時期や納期を満たす能力があることも判断しなければなりません。顧客の要求に対して、何でもイエスと言うことが顧客満足に繋がるわけではないことは理解していただけると思います。

顧客との接点を持つ部署においては、顧客とのコミュニケーションがあり、その内容について **8.2.1 顧客とのコミュニケーション a)** から **e)** に規定されています。ここでは、a) は組織から顧客に向けて発信される情報です。b) から e) は、逆に組織が顧客から受け取る情報です。これら受け取った情報はその部署で処理されるだけでなく、組織内部の関係する部署に伝達されなければなりません（内部コミュニケーション）。その結果として、b) であれば受諾の連絡、c) であれば苦情処理、d) であれば **8.5.3 顧客又は外部提供者の所有物** に基づく必要な報告、e) であれば不測の事態への対応の合意、などの情報が組織から顧客に伝達されます。これらのコミュニケーションを円滑におこなうことが顧客満足の向上に影響することは言うまでもありません。

8.5.5 引渡し後の活動 も顧客とのコミュニケーションが重要です。取り決められている活動内容、実際に行われた活動の事例、その適切性の評価、評価結果から実施した改善、という PDCA があります。

8.7 不適合なアウトプットの管理 では、製品の引渡し後及びサービスの提供中又は提供後に検出された不適合に対する処置も、顧客とのコミュニケーションが必要な事項です。不適合の内容や判明した時期によって、それがもたらす影響の評価と適切な処置をあらかじめ組織内部で決定してからコミュニケーションを開始します。この時に対象となる顧客は、直接その製品を引き渡した顧客だけでなく、その先にいる最終顧客（消費者）になることもあります。業種によっては、製品回収や社告の発表の可能性も含め、外部コミュニケーションの方法を決定しておかなければならない場合もあります。

内部監査においては、トップマネジメントの顧客重視の考え方が現場に浸透しているかどうかを見ることになります。監査を通じて、現場での行動が顧客重視を基準にしたものになっているか、トップマネジメントの考え方を反映したものになっているか、ということを判断します。一人ひとりの行動が顧客満足を低下させるリスクにつながっているという認識があること、顧客満足を向上させる機会をとらえる必要があるという理解が共有されていること、などを監査結果から導くことができれば、大きな成果につながります。

また、実際の製品やサービスの受注から納品までの流れを追いながら、顧客との情報のやり取り（外部コミュニケーション）の事例をサンプリングして監査すること、顧客苦情の事例を追いながら、組織内部での情報のやり取り（内部コミュニケーション）を検証することも内部監査として重要です。特に顧客苦情の事例の監査では、予定した期限内に顧客に対し返答できたか、内容は満足して頂けるものであったか、といった事を含めて監査で確認します。

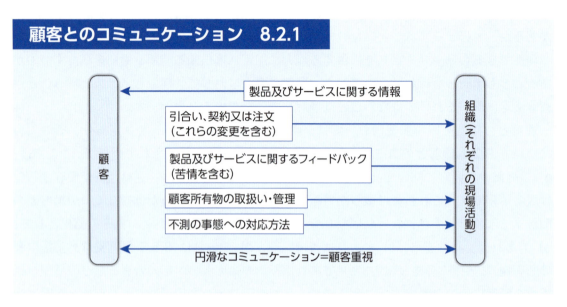

この図に示した関係を参考に、内部監査では以下のポイントを確認すると良い。

内部監査のポイント

〇それぞれの部署やプロセスの監査で
- 顧客を重視する、トップマネジメントの姿勢が伝わっている　5.1.2
- 顧客とのコミュニケーションが確立している　7.4
- 顧客とコミュニケーションする事項を決めている　8.2.1
- 製品及びサービスに関する要求事項が明確になっている　8.2.2
- 顧客に提供する製品及びサービスに関する要求事項をレビューしている　8.2.3
- 顧客の所有物について、紛失若しくは損傷などの理由により使用に適さないと判明した事例がある　8.5.3
- 製品及びサービスに関する引渡し後の活動に関する要求事項がある　8.5.5
- 製品の引渡し後、サービスの提供中又は提供後に検出された不適合な製品及びサービスについて顧客とのコミュニケーションの事例がある　8.7
- 顧客がどのように受け止めているかを監視している　9.1.2
- その監視からのデータ及び情報を分析している　9.1.3

・分析結果は顧客満足度の評価のために使っている　**9.1.3**

○マネジメントシステムの監査で
・顧客に関連する外部の課題の変化を、マネジメントレビューのインプットとして考慮している　**9.3.2**
・顧客満足度の傾向を、マネジメントレビューのインプットとして考慮している　**9.3.2**
・顧客満足に関連する品質マネジメントシステムの変更の必要性をマネジメントレビューで決定している　**9.3.3**

2（5）　設計・開発プロセス

－設計・開発プロセスのリスク管理能力の充実
－外部との関係重視により実現する柔軟な設計・開発

　8.3 製品及びサービスの設計・開発 の冒頭、**8.3.1 一般** では「以降の製品及びサービスの提供を確実にするために適切な設計・開発プロセスを確立し、実施し、維持しなければならない。」とあり、設計・開発プロセスの目的が「製品及びサービスの提供を確実にするため」であることが示されています。このことは、従来の規格において、設計・開発の要求事項を除外する、と宣言していた組織に見直しを求めることになります。すでに設計を完了した情報を顧客要求事項として受け取り、組織はそれを製品化するのみである場合は、従来通り適用できないと宣言できます。しかし、顧客から受け取った情報を製品化するまでに組織の中で処理する場合、その業務が設計・開発プロセスと考えられるでしょう。「組織の事業プロセスに要求事項を統合する」という考え方から見ても、すでにある業務に規格要求事項を当てはめて考えることは当然の流れと言えます。これによって、現在実施している業務内容の漏れや無駄を発見することもあるでしょう。また、製品化に伴うリスク管理の意味からも、規格要求事項を適用する効果が期待できます。

　設計・開発プロセスに対する新しい規格の要求事項の特徴は、二つあります。ひとつめは、レビュー、検証、妥当性確認と厳格なステップを追った要求事項が無くなり、**8.3.4 設計・開発の管理** という項目にまとめられたこと。これはプロセスの簡略化、効率化につながります。ふたつめは、**8.3.2 設計・開発の計画**、及び **8.3.3 設計・開発へのインプット**に「考慮しなければならない」項目が列挙されたこと。これは設計・開発に起因するリスク管理を強化する意味があります。

　8.3.2 設計・開発の計画 では、設計・開発の段階の管理に必要な様々な事項を網羅して、それぞれを考慮しなければならない、としています。注目すべき点は、**e)** 外部資源の必

要性、**f)** 関与する人々の間のインターフェースの管理の必要性、**g)** 顧客及びユーザーの参画の必要性、**i)** 顧客及び密接に関連する利害関係者によって期待される設計・開発プロセスの管理レベル など、組織外部への配慮が取り上げられていることです。

8.3.3 設計・開発へのインプット は、設計しようとする製品やサービスに不可欠な要求事項を網羅していなければなりません。ここでは、**d)** 組織が実施することをコミットメントしている、標準又は規範 とあるように法令・規制要求事項だけではない、企業として持つ製品開発の方針をインプットに求めています。製品の環境配慮設計などがこれに該当します。また **e)** では、失敗により起こり得る結果を考慮することとしていますが、これには FMEA などの手法を利用することも含まれています。

8.3.4 設計・開発の管理 という項目にまとまったとはいえ、レビュー、検証及び妥当性確認を省略できるというものではありません。必要とする程度で実施することが重要です。したがって、従来の規格に沿って形式的な記録様式を設定し、運用していた組織は効率的な運用に改善すると良いでしょう。従来通りの運用を継続する組織もあるでしょう。

8.3.5 設計・開発からのアウトプット では、**b)** 製品及びサービスの提供に関する以降のプロセスに対して適切である とあります。もちろん情報が不足するようでは設計・開発が完了したとはいえませんが、過剰な情報のアウトプットは無駄であるのも事実でしょう。**d)** 意図した目的並びに安全で適切な使用及び提供に不可欠な、製品及びサービスの特性、とあります。これは消費者向けの製品やサービスの開発時には特に重要です。この情報が不足なく正しく最終顧客を含む顧客に伝わる仕組みは、**8.2.1 顧客とのコミュニケーション** の要求事項になります。

設計・開発プロセスもまたパフォーマンス評価が必要です。そのための評価指標を定めて、監視して、分析・評価する、という活動がプロセスの PDCA になります。

内部監査では、設計・開発された案件をサンプリングして、その過程が要求事項を満たしていることを確認します。開発された新製品やサービスが、予定した品質や性能を達成し顧客満足につながっているか、予定したコストを満足しているか、製造やサービス提供のプロセスのパフォーマンスが計画通りに推移しているか、といった点も内部監査としての注目点になるでしょう。

設計・開発プロセス 8.3

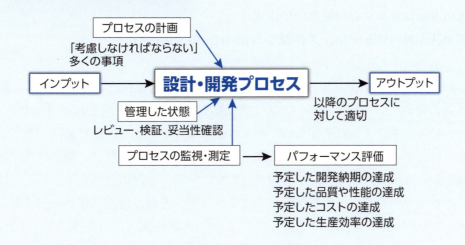

この図に示した関係を参考に、内部監査では以下のポイントを確認すると良い。

内部監査のポイント

○それぞれの部署やプロセスの監査で
・製品およびサービスを設計・開発する役割に対して、責任及び権限を割り当てている　5.3
・設計・開発を行うプロセスを決定している　8.3.1
・設計・開発に関与する人々の間のコミュニケーションがある　7.4
・製品又はサービスの設計・開発の段階及び管理を決定した計画がある　8.3.2
・その計画には、製品及びサービスに不可欠な要求事項が、インプットとして明確になっている　8.3.3
・その計画に基づいて管理した実績がある　8.3.4
・その計画による製品及びサービスについて、設計・開発からのアウトプットがある　8.3.5
・設計・開発プロセスのパフォーマンスを監視、測定している　9.1.1
・設計・開発プロセスのパフォーマンスを分析・評価している　9.1.3

○マネジメントシステムの監査で
・設計・開発プロセスのパフォーマンスの傾向を、マネジメントレビューのインプットとして考慮している　9.3.2
・設計・開発された製品およびサービスの適合について、マネジメントレビューのインプットとして考慮している　9.3.2
・設計・開発プロセスに関する品質マネジメントシステム上の変更の必要性をマネジメントレビューで決定している　9.3.3

第一セクション　現場で活用する ISO9001:2015

2（6）　購買管理、外注管理

－管理の方法はリスクとの見合いで決定
－外部委託先のパフォーマンス評価で win-win の関係構築

　2008 年版の 7.4 購買は、2015 年版では、**8.4 外部から提供されるプロセス、製品及びサービスの管理** というタイトルになっています。外部から提供されるプロセスとは、製造やサービス提供のプロセスのうち一部又は全部にかかわらず外部に依頼したプロセスのことをいいます。外部から提供される製品とは、原材料や部品など、製造やサービス提供に利用するために購入している物品のことです。外部から提供されるサービスとは、いわゆるサービスの購入です。倉庫保管や物流サービス、各種の情報処理サービスが典型的な例です。2008 年版では「購買」と呼んでいましたが、物の購入のみを連想することから、新しい規格では項目のタイトルを変更し「プロセス」や「サービス」にも焦点を当てました。このような変更は、現在のビジネス環境を反映したものと理解できます。つまり、企業規模の大小に関わらず、多くの企業がさまざまな業務を外部委託（アウトソース）しています。そのことが製品及びサービスの適合性に、多かれ少なかれ影響を及ぼすことは明らかです。したがって、これをどのように管理するかは、企業の製品及びサービスの品質上の大きな課題となっています。

　8.4.1 一般 では管理しなければならないものとして、**a)** に物の購入とサービスの購入を取り上げています。**b)** は製品及びサービスを外部の委託先から直接顧客に渡す場合、**c)** はプロセスまたはプロセスの一部を外部に委託する場合です。後の 2 つは「外部から提供されるプロセス」に該当するでしょう。その上で、これに該当する全ての企業について適用する管理を決定しなければならない、としています。つまり、品質マネジメントシステムとして適切な管理を行う必要があるわけです。

　具体的にどのような管理手法をとれば良いか迷うところかもしれません。しかし、これもまたリスク管理の一環であると理解すれば良いでしょう。つまり、外部から提供されるプロセス、製品及びサービスに関連して発生する可能性のある顧客満足を損なうリスクを特定し、それに取り組むための管理の方法を決定すれば良いわけです。このことは、**8.4.2 管理の方式及び程度** の中で、組織の能力に悪影響を及ぼさないことを確実にしなければならない、という表現で管理する目的が示されていることからも理解できます。しかし実際のところ、組織の中では、悪影響を及ぼさないように管理することはもちろんですが、外部提供者とより良い関係を築くことを視野に入れた取組みが求められています。

　現場では外部提供者との接点を持つ仕事が重要です。原材料や部品の購買業務が該当しますが、大きな組織では購買部や購買課が担当部署になります。一方、サービスの購入については購買部門が担当部署とは限りません。倉庫保管や物流サービス、各種の情報処理サービスを例に挙げましたが、該当するサービスを特定することで、その担当部署がわ

かります。外部委託しているプロセスについても同様に、該当するプロセスを特定することによって担当している部署を知ることができます。このようにして、管理するための責任の所在を明確にすることが重要です。

8.4.1 では、これら外部提供者の評価、選択、パフォーマンスの監視、及び再評価を行うための基準を決めること、これらを実施すること、という要求事項があります。ここで重要なことは、パフォーマンスの監視基準を決めて監視を行う、ということです。従来、形式的な評価－再評価を実施している場合は、パフォーマンス評価を組み込むことで、実践的かつ効率的な評価活動に改善できます。

また **8.4.2** では、外部提供者に適用するための管理及びそのアウトプットに適用するための管理を決めて、実施するという要求事項があります。ここでは、組織が提供する製品及びサービスに対して、外部提供者が持つリスクを考慮して、効果的かつ効率的な管理方法を決めることが必要とされます。

外部提供者に提供する必要がある情報は、**8.4.3 外部提供者に対する情報** で決めています。これらの情報も、外部提供者との円滑なコミュニケーションを通じて、初めて活きたものとなることは言うまでもありません。

一連の要求事項を通して、新しい規格が目指しているのは外部提供者との互恵関係の構築です。内部監査でもその点を考慮する必要があります。

・それぞれの外部提供者に期待するものが明確になっていること
・それに基づきパフォーマンスが監視できていて、効率的な評価－再評価が行われていること
・外部提供者から提供を受けるサービスやプロセスが、いわゆる丸投げ状態ではなく、適切な管理状態であること
・それらの結果として、組織の製品及びサービスの改善に外部提供者の知見が利用されていること

などの証拠を見つけるために監査を実施することになります。

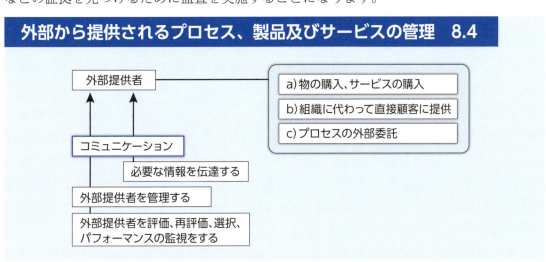

この図に示した関係を参考に、内部監査では以下のポイントを確認すると良い。

第一セクション　現場で活用する ISO9001:2015

内部監査のポイント

○それぞれの部署やプロセスの監査で
- 外部提供者とコミュニケーションを必要とする業務がある　**7.4**
- 外部提供者を評価している　**8.4.1**
- 外部提供者を管理している　**8.4.2**
- 外部提供者に要求事項として伝えている情報がある　**8.4.3**
- 外部提供者を管理する役割に対して、責任及び権限を割り当てている　**5.3**
- 外部提供者からのアウトプットに対して不適合が発生したことがある　**8.7**
- 外部提供者のパフォーマンスを監視・測定している　**9.1.1**
- 外部提供者のパフォーマンスを分析・評価している　**9.1.3**

○マネジメントシステムの監査で
- 外部提供者のパフォーマンスの傾向を、マネジメントレビューのインプットとして考慮している　**9.3.2**
- 外部提供者に関する品質マネジメントシステム上の変更の必要性をマネジメントレビューで決定している　**9.3.3**

2（7）　使いやすい、分かりやすい仕組み作りへの工夫と努力

－見える化による使いやすくかつ必要最小限の手順書の追究
－働きやすい職場環境は現場の整理整頓に始まる

　使いやすい、分かりやすい仕組みを現場レベルで考えた場合、作業するための手順が、使いやすく、かつ分かりやすい形で作業する人に伝わっていることが重要です。**8.5.1 製造及びサービス提供の管理 a)** には、製造する製品、提供するサービス、又は実施する活動の特性、達成すべき成果、を定めた文書化した情報を利用できるようにする、と書かれています。これはいわゆる「作業標準」です。ISO9001 の導入に伴う文書類の増加をISO の弊害ととらえている組織が多くありますが、規格ではむしろ効果的かつ必要最小限の文書を求めています。2015 年版では、「文書化した情報」という言い方で様々な媒体による情報の伝達及び蓄積を想定することによって、硬直した手順書という概念の払拭を試みていることは前に述べました。この流れはすでに現場では始まっていて、分厚い手順書の代わりに、ワンポイントで作業手順を示す表示を掲げた職場が多くあります。いわゆる作業手順の「見える化」の取組みです。

　これらの情報は、ほとんどの場合コンピュータ内で電子ファイルとして保存されており、迅速な改定に対応できるようなっています。このように電子媒体として利用されてい

るものは、作業手順を示す文字の情報だけでなく、すでに現場で多用されている画像情報（印刷してあるものであれ、ディスプレイで表示されるものであれ）や、設備装置に設定条件として入力されたプログラム、これらの設備装置が収集した様々な電子データの情報があります。これらのあるものは「維持」すべき情報であり、またあるものは「保持」すべき情報となります。このように電子媒体の情報がある場合に、旧来の紙媒体の情報を二重にもつことの意味は再検討すべきでしょう。手順書が電子ファイルに置き換わることで、**7.5.2 作成及び更新** が容易になります。また、従来の紙にデータを記録するという作業がなくなる場合もあるでしょう。

　このように電子化や見える化の流れは、変化への柔軟な対応力をつけるためのものですが、同時に正確な情報を **7.1.6 組織の知識** として取り込み、現場に提示することによって、利用できる状態にすることに他なりません。現場では、内容が正確であることはもちろんですが、読みやすさなどの使いやすさを求めた改善が必要です。

　8.5.2 識別及びトレーサビリティ を実現する手段にも、IT 機器が利用されることが多くなりました。バーコードを印刷したラベルで、原材料や部品を管理している組織があります。またこのようなラベルを使って、製品を識別すると同時に生産工程の進捗をコンピュータ管理している組織があります。これらは単に省力化という意味だけでなく、ヒューマンエラーの防止にも役立っています。

　働きやすい現場を作る上で、整理整頓は欠かすことができません。清掃・清潔・躾、と並べて 5S 活動を展開している職場も多くあることでしょう。2015 年版では、整理整頓の要求事項が **7.1.4 プロセスの運用に関する環境** として取り込まれました。職場にある様々な物（原材料、部品、工具、道具、測定器、文房具、書類、コンピュータ等々）は、職場環境を構成するひとつの要素です。必要とする物とそのあり方を明確にし、提供し、その状態を維持する、という **7.1.4** の要求事項を満足するということは、整理整頓の徹底に他なりません。「整理整頓」とは、識別された正しい物を、承認された正しい場所に収納するという意味です。整理整頓によって働きやすい職場環境が生まれます。このことは、結果として **8.5.1 製造及びサービス提供の管理 g)** にあるヒューマンエラーを防止するための処置につながります。整理整頓がおろそかになっている現場は、ヒューマンエラーを防止するための処置を実施していない、という点で不適合となる場合もあるでしょう。

　仕組みは、どのようなものであれ作っただけでは動きません。運用する人たちに理解され、実行されて初めて活きたものになります。そのためには仕組みについての教育、訓練が欠かせません。教育によって知識をつけ、訓練によって知識に基づく実践力を身につけます。この実践力を力量と呼びます。

　使いやすい分かりやすい仕組みであるかどうかを判断するのは、あくまで現場です。内部監査では、現場の声を聞く時にそのことを理解しておく必要があります。現在の仕組みがどのように理解されて使われているのか、不自然さや使いにくさを感じる点はないか、このような視点で質問を投げかけることにより、改善の糸口が見えてきます。決して今あ

第一セクション　現場で活用するISO9001:2015

る仕組みを押し付けるのではなく、無駄を削減し、ヒューマンエラーを防止して、効果的、効率的な仕組みを目指して改善していく、という目的を共有することが重要です。

ISO9001 と 3S、5S

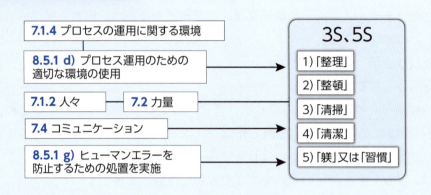

この図に示した関係を参考に、内部監査では以下のポイントを確認すると良い。

内部監査のポイント

○それぞれの部署やプロセスの監査で
- 人々の積極的な参加を支援するトップマネジメントの姿勢が伝わっている　5.1.1
- 整理整頓をはじめとした職場環境が明確になっており、それを維持している　7.1.4
- 組織の知識が現場で利用できる状態になっている　7.1.6
- 必要な力量を身につけるために、教育や訓練を実施している　7.2
- 品質マネジメントシステムの有効性のために必要である文書化した情報を準備している　7.5.1
- 文書化した情報を、適切性を確実にした形で作成および更新している　7.5.2
- 文書化した情報を管理している　7.5.3
- 製造する製品、提供するサービス、実施する活動の特性及び達成すべき結果について定めた文書化した情報を利用できる　8.5.1
- ヒューマンエラーを防止するための処置を実施している　8.5.1
- アウトプットを識別するための手段がある　8.5.2
- 製造及びサービス提供の過程において、アウトプットの状態を識別している　8.5.2

○マネジメントシステムの監査で
- 3S、5Sに必要な資源の妥当性をマネジメントレビューへのインプットとして考慮している　9.3.2
- 3S、5Sに必要な資源についてマネジメントレビューからのアウトプットで決定及び処置している　9.3.3

2（8）　標準化と改善のスパイラルアップを目指すポイント

－標準化したとおり作業を実施していることの確認
－パフォーマンスの正しい監視と評価の仕組み

　導入された仕組みを現場管理のレベルで見ていきましょう。「見える化」や「標準化」された作業は守られているでしょうか。決められたことが守られているということが強い現場の第一歩であるわけですが、守られていることを確認するというのが強い現場を実現するための管理の第一歩になります。もちろん守られていることを四六時中監視することは不可能です。そこで働く人々が、守ることの意味や守ることによって達成できる目標などについて認識を持つことが、まずは必要です。記録をつけることによって守っていることを自ら証明する、という方法もあります。現場の管理者は、記録を定期的にチェックすることにより、標準化されたとおりに作業が実施されていることを監視します。記録をチェックすることだけが、管理者の監視ではありません。時々は現場の作業を自らチェックして、標準化されたとおりに作業が実施されているか、実施の証拠としての記録は正しく記載されているか、を確認する必要があります。

　このように、標準化されたとおりの作業が実施されているかどうかを監視することもまた、**9.1.1（監視、測定、分析及び評価）一般** で計画しなければならない点です。監視の結果については、**9.1.3 分析及び評価** の **d）計画が効果的に実施されたかどうか** や、**g）品質マネジメントシステムの改善の必要性** の評価をおこないます。つまり、標準化された作業が守られていないことが記録から判明したり、実際に観察された場合、また守られていても効果が出ていない場合には、それらの原因を探り、改善をすることが管理者の務めとなります。

　製品やサービスを含むプロセスのアウトプットに不適合が見つかった場合は、原因を究明する段階で作業の標準化についても見直さなければなりません。不適合の原因が、標準化されていない作業方法に原因があったのか、標準化されているが守られていないことに原因があったのか、という点が重要で、それぞれに取るべき再発防止の処置が異なります。

　7.1.5 監視及び測定のための資源 もまた、標準化ととらえることができます。ここでは、組織が提供する製品及びサービスが要求事項に適合していることを示すために使う「資源」が対象になります。適合を示す基準や仕様としての項目には様々なものがありますが、これらの項目毎に監視・測定し、適合の証拠を残しておくことが必要です。そのため製造業においては、さまざまな監視機器、測定機器がこの「資源」に該当します。一方サービスを提供する組織であっても、適合を証明するための手段を必ず持っています。例えば、サービスの報告書をレビューする人、サービスの進行を確認するチェックリスト、サービス提供後のアンケート、などがここでいう「資源」に該当します。これらの資源を使った監視

25

及び測定の結果が妥当であり信頼できるものであるために、機器であれば校正をおこないます。その他の資源は標準化によって信頼性を担保します。

　現場管理の良し悪しはパフォーマンスに現れますが、その前段としてパフォーマンスの信頼性を確認する必要があります。パフォーマンスとは「測定可能な結果」と定義されていることは先に述べました。結果を出すためには、当然何らかの活動があるわけです。信頼性の高いパフォーマンスを得るためには、この活動が標準化された現場作業によって実施されている必要があります。標準化されていない状態でパフォーマンス評価を試みても、異なるメンバーで作業をすると異なる結果が出るなど再現性に乏しくなり、評価することの意味を失います。また、不確定な要素を基に分析をすることになり、正しい結論を得ることが困難になります。

　パフォーマンスにおいても、現場で情報共有するための「見える化」が重要です。適切なパフォーマンスの結果を現場に提示することは、それぞれの現場で、**7.3 認識 c)** に示すような、品質マネジメントシステムが有効に機能していることに対して貢献しているという認識を、そこで働く人々が持てるようにする有効な手段です。また、現場における仕組みの標準化と、標準化による改善を進める動機付けとなります。

　内部監査で現場管理を監査するときは、標準化された手順が実施されていることをどのように監視しているか、結果としてのパフォーマンスをどのように監視及び測定しているか、ということが最初の確認事項です。次いで監視・測定の結果を分析及び評価して、改善に結びつけているかどうかを確認します。不適合の事例を取り上げて、原因究明が作業の標準化の観点からなされ、是正処置が再発防止に効果があることを確認します。これらが、現場におけるパフォーマンス向上のための取組みとして定着していることが重要です。

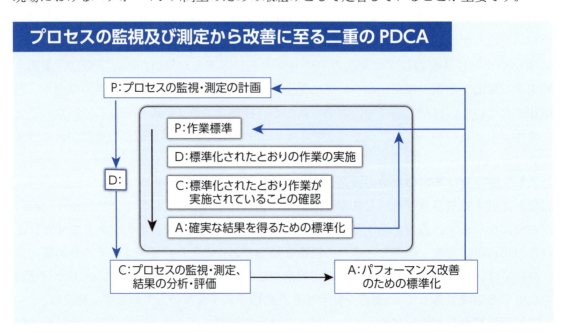

この図に示した関係を参考に、内部監査では以下のポイントを確認すると良い。

内部監査のポイント

○それぞれの部署やプロセスの監査で
- プロセスに必要なインプット及び期待されるアウトプットが明確になっている　**4.4.1**
- プロセスの運用と管理を確実にするための判断基準及び方法を決定し、適用している　**4.4.1**
- プロセスに必要な資源を明確にし、利用している　**4.4.1**
- プロセスに関する責任と権限を割り当てている　**4.4.1**
- 管理層の役割を支援する、トップマネジメントの姿勢が伝わっている　**5.1.1**
- 製品及びサービスの適合を検証するための監視及び測定の資源が、妥当で信頼できるものであることを確実にしている　**7.1.5.1**
- 測定結果の信頼のため必要な場合、測定機器を校正もしくは検証し、明確な識別を行っている　**7.1.5.2**
- 働く人々が、品質マネジメントシステムの有効性に対する自らの貢献を認識している　**7.3**
- 管理層と働く人々の間の内部コミュニケーションがある　**7.4**
- プロセスの監視及び測定に関する事項を決定している　**9.1.1**
- プロセスの監視及び測定からのデータを分析し、分析の結果を評価のために使っている　**9.1.3**
- 改善の機会を明確にし、必要な改善を実施している　**10.1**

○マネジメントシステムの監査で
- プロセスのパフォーマンスの傾向を、マネジメントレビューのインプットとして考慮している　**9.3.2**
- 製品およびサービスの適合について、マネジメントレビューのインプットとして考慮している　**9.3.2**
- プロセスに関する品質マネジメントシステム上の変更の必要性をマネジメントレビューで決定している　**9.3.3**

2（9）　変更管理

－変更管理はリスク管理
－ムダのないコミュニケーションで変更情報を伝達

　2015 年版では、変更管理を明確に述べた要求事項が充実しました。規格項番を追って見ていきましょう。**6.3 変更の計画** には、マネジメントシステムの変更を取り上げて、変更にあたっても完全に整った状態（integrity）を維持するという要求があります。次いで、**8.1 運用の計画及び管理** の中に運用管理全般に適用する要求事項として、変更を管理しなければならない、意図しない変更によって生じた結果はレビューしなければならな

第一セクション　現場で活用する ISO9001:2015

い、必要に応じて有害な影響を軽減する処置をとらなければならない、とあります。

次に個別プロセスについてみていきましょう。

8.2.4 製品及びサービスに関する要求事項の変更　が顧客に関連するプロセスにおける変更についての要求事項です。ここでは、変更前の情報が変更後の情報に置き換わっていること、変更後の要求事項が関連する人々に理解されていることが重要です。

8.3.6 設計・開発の変更、これは 2008 年版の 7.3.7 項と同じく設計開発プロセスにおける変更管理を扱うものです。製品及びサービスの要求事項への適合に悪影響を及ぼさないことを確実にするために設計・開発の変更を管理する、というようにその目的が書かれています。ここでは、設計・開発のプロセスの途中における変更も、一旦設計された製品及びサービスの設計変更もこの項が該当する、という点が重要です。

8.4.3 外部提供者に対する情報　では、変更という言葉は入っていませんが、変更時にも適用される要求事項となっています。つまり、外部提供者に一旦伝えた情報に変更がある場合であっても、それを伝達する前に、変更された内容が妥当であることを確実にしなければならないことは言うまでもありません。

8.5.6 変更の管理　が新しい規格に加えられました。製造及びサービス提供に関する変更をレビューし、管理することを要求事項としています。原材料が変わった、使用する設備機器が変わった、工程の条件が変わった、担当する人が変わった、などの変更が考えられますが、ここでは設計変更に至らない変更が対象となります。レビューし、管理する内容は「要求事項への継続的な適合を確実にするために必要な程度まで」という条件が付きますので、その程度を見極めることが必要になります。

8.7 不適合なアウトプットの管理　では、要求事項に適合しないアウトプットに対し特別採用という処理ができるとしています。これは合否判定基準の一時的な変更と考えることができます。管理の方法として、特別採用を受け入れる正式な許可及びその決定ができる権限を持つ人を、文書化した情報として保持しなければなりません。

このように、変更管理に関してのきめ細かな要求事項が設定された理由は、品質マネジメントシステムが目指すところの、「要求事項を満たした製品及びサービスを一貫して提供する能力」を損なう原因の一つに変更管理の甘さがある、との認識があると考えられます。現在のビジネス環境は変化が著しく、その対応として事業にさまざまな変更を余儀なくされます。このような現状から、今回の改定に盛り込まれた変更管理の要求事項の充実を読み取ることもできます。

また、変更に伴うリスク管理を充実させた、という理解もできます。「リスク及び機会への取組み」という観点から見てみましょう。変更は、今という機会をとらえた取組みとして実施されることがあります。そして変更の結果には多くの場合、変更後の状態に対する不確かさ、つまりリスクを伴います。これらのリスクへの取組みが変更管理と呼ばれるものです。変更管理をレベルアップするとともに、管理のノウハウを共有化することは、現場のリスク低減に大きく貢献するものであり、変化への対応力を強めることにつながります。

内部監査では、監査対象となった部署で最近の変更事項を聞くところから始めます。その変更は、何のための変更か、どのように計画したのか、その時どのようなリスクを考慮したのか、誰が許可したのか、誰がどのように実施したのか、結果はどのように監視したのか、監視の結果はどのように評価したのか。もちろん意図しない結果に対しては、適切な処置が取られていなければなりません。また、これらの計画、実施、監視、結果の評価から得られた知見は、組織の知識となっているか、などが監査の視点となります。

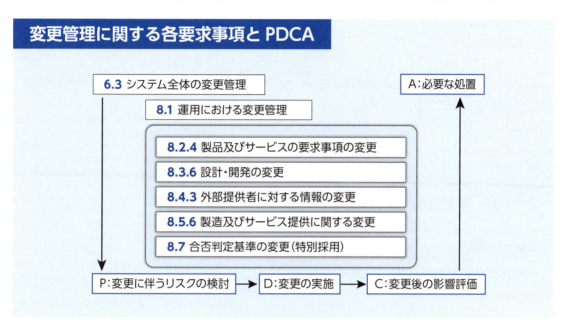

この図に示した関係を参考に、内部監査では以下のポイントを確認すると良い。

内部監査のポイント

○それぞれの部署やプロセスの監査で
・プロセスの意図した結果の達成を確実にするための変更が実施されている　4.4.1 g)
・その変更はあらかじめ計画されたものである　6.3
・計画された変更は管理された状態にある。結果をレビューし、必要に応じて適切な処置を取っている　8.1
・製品及びサービスに関する要求事項が変更になった事例がある　8.2.4
・製品及びサービスの設計・開発に関する変更の事例がある　8.3.6
・外部提供者に伝える情報に関して変更した事例がある　8.4.3
・製造又はサービス提供に関する変更の事例がある　8.5.6
・不適合となったプロセスのアウトプットを特別採用した事例がある　8.7
・不適合が再発しないように実施した処置（是正処置）の中に、従来の方法を変更した事例がある　10.2.1 c)
・リスク及び機会への取組みの計画の中に、従来の方法を変更した事例がある　6.1.2

第一セクション　現場で活用する ISO9001:2015

- ・品質目標を達成するための計画の中に、従来の方法を変更した事例がある　**6.2.2**
- ・変更管理のノウハウを知識として維持し、利用できる状態にしている（文書化した情報など）　**7.1.6**
- ・変更の内容、実施状況、結果及び結果の評価について適切な情報が部門、プロセス間で共有されている　**7.4**

○**マネジメントシステムの監査で**
- ・マネジメントレビューのアウトプットとして、システムの変更を決定している　**9.3.3**
- ・その決定のために利用されたインプット情報が特定できる　**9.3.2**
- ・マネジメントレビューで取り上げるにふさわしい、変更の内容、結果、結果の評価及び評価の結果取られた処置をインプット情報として報告している　**9.3.2**

2（10）　仲間の期待に応える是正処置

－現場作業における隠れた不適合の発見
－是正処置における連携力の強化

　「不適合」と「是正処置」という言葉は、ISO マネジメントシステムとともに導入されました。同時に「不適合」への対応方法を記述した「是正処置手順書」が別途作られました。そのため多くの組織で、不適合と是正処置は ISO のための手順として、日常の業務とは別のものになってしまっているのではないでしょうか。例えば、各現場で発生しているちょっとした作業ミスや連絡間違いは、不具合として報告されます。そして、不具合報告書の中で各部署の責任者によって是正処置が必要と判断されたものを対象として、別途是正処置報告書が作成される、というような場合です。これでは、是正処置が ISO の活動とみなされ、現場の改善活動とは別のものになってしまっている、と言えないでしょうか。

　8.7 不適合なアウトプットの管理 は、製品及びサービスの不適合だけでなく、プロセスのアウトプットが不適合となった場合について規定しています。この場合のアウトプットも中間製品だけを意味するのではなく、製品及びサービスに関連する情報も含まれます。受注情報の間違い、仕様変更の伝達の間違い、生産計画の間違い、購買における発注間違い、出荷指示間違い、外部委託先への作業指示間違い、これらの情報の間違いは当然修正されて正常な形で業務が進行するわけですが、記録に残されない場合は、埋もれたままとなります。これらが放置されると、再発することによって大きな事故につながるリスクとなりますし、毎回の修正作業が業務効率の低下につながります。**8.7.2** ではこれらの不適

合を文書化した情報として保持することとしています。また **8.7.2 d)** では、処置の決定をする権限を持つ者を特定する、としています。これによって不適合が発生したこと、処置が適切に取られたことを管理者が確実に知ることができます。

10.2 不適合及び是正処置 の前段である **10.2.1 a)** では、「発生した不適合を管理し、修正するための処置をとる」「不適合によって起こった結果に対処する」とあります。これは、先に **8.7** で見たプロセスアウトプットの不適合に対する要求事項と重複する部分です。つまり、**10.2** は不適合全般に対する要求事項となっており、**8.7** は特にプロセスアウトプットについて詳細な要求事項となっています。また、**8.7** では特に是正処置について言及していませんが、「適切な処置をとらなければならない」という要求事項を満足するためには、当然 **10.2.1 b)** 以下の要求事項に沿った扱いが必要です。

苦情から生じたものとは、苦情の元になった不適合です。ここでは、製品やサービスに関する不適合だけでなく、カタログや宣伝で表明している製品情報に関する苦情、誤配や遅配など製品の納入に関する苦情も含まれます。また不適合には、機械装置の故障、メンテナンス不良など製造及びサービス提供に使用する設備に関するもの、整理・整頓のルール違反など幅広く適用を視野に入れる必要があります。その上で、不適合を発見したときの初動として、**10.2.1 a)** 不適合を管理し、修正するための処置をとる、不適合によって起こった結果に対処する、ことになります。また内部監査で見つかった不適合も当然、この要求事項に沿った処置が必要です。

10.2.1 b) では、再発防止のために原因を除去するための処置の必要性を判断する、となっています。ここで注目すべき言葉は「他のところで発生しないようにするため」と「3) 類似の不適合の有無、又はそれが発生する可能性を明確にする」です。発生した不適合をその現場だけの問題にするのではなく、他の現場の状況も考慮する、思いやりが必要です。類似の不適合が発生するリスクについても、自職場だけでなく他の職場の類似性を考慮して初めて低減できるものです。これを管理者の仕事にするのではなく、現場が自発的にできるようにするためには、現場間のコミュニケーションと相互理解が欠かせません。他のところで発生する可能性を検討するうちには、他のところですでに同様の不適合の発生を克服した事例が見つかるかもしれません。従って、このような活動は常にベストプラクティスの追求となって、強い現場作りに必須のものとなります。

不適合及び是正処置の傾向は品質マネジメントシステムのパフォーマンスや有効性を判断する上で必要な情報となります。**9.3.2 c)** でマネジメントシステムのインプット情報として考慮すべき項目に挙げられています。ここでは、ひとつ一つの不適合を報告するのではなく、傾向を分析した結果や特徴的な事例を報告することになります。

内部監査においては、現場の不適合に対して **8.7** や **10.2** の要求事項を満たすような処置が行なわれているかを確認します。大切なことは、同様の不適合が他の現場で発生する可能性を共に考えたり、不適合を防いでいる他の現場のベストプラクティスを紹介したり、といった連携を深めるためのコミュニケーションの仲介という役割を内部監査員が認識することです。

不適合及び是正処置　10.2

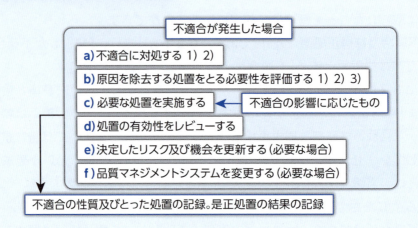

この図に示した関係を参考に、内部監査では以下のポイントを確認すると良い。

内部監査のポイント

○それぞれの部署やプロセスの監査で
・発生した不適合に関連する情報について、部署間やプロセス間で内部コミュニケーションがある　7.4
・プロセスのアウトプットに対する不適合の事例がある　8.7
・苦情から生じた不適合の事例がある　10.2
・その他の不適合の事例がある　10.2

○マネジメントシステムの監査で
・苦情をはじめとした顧客からのフィードバックを、マネジメントレビューのインプットとして考慮している　9.3.2
・製品およびサービスに関する不適合について、マネジメントレビューのインプットとして考慮している　9.3.2
・不適合及び是正処置の傾向を、マネジメントレビューのインプットとして考慮している　9.3.2
・是正処置にともなう品質マネジメントシステム上の変更の必要性をマネジメントレビューで決定している　9.3.3

2（11）　プロセスアプローチと現場活動

－日常の活動における相互関係のレベルアップが大事
－トップから現場までの一体的な活動で全体最適を実現

　品質マネジメントシステムが複数のプロセスによって構成されており、それらが相互に作用し合っていることは、**4.4 品質マネジメントシステム及びそのプロセス** で「必要なプロセス及びそれらの相互作用を含む、品質マネジメントシステムを確立しなければならない」と記載されていることからわかります。複数のプロセスは、製品及びサービスの提供に関連して、**8.2** は顧客とのコミュニケーションを行い、製品及びサービスの要求事項を決定するプロセス、**8.3** は設計・開発のプロセス、**8.4** は外部提供者に関連するプロセス、**8.5** は製造及びサービス提供のプロセス、**8.6** は製品及びサービスが適合していることを検証するプロセスです。これら主要なプロセスに加えて、教育、文書化した情報の管理、監視・測定、分析・評価、内部監査など、主要プロセスを支援するためのいくつかのプロセスがあります。

　主要プロセスと支援プロセスを含め、複数のプロセスで構成された品質マネジメントシステムはプロセスアプローチという手法で管理されます。このことは序文 **0.3 プロセスアプローチ** に詳しく書かれています。その第一歩は「相互に関連するプロセスを理解する」ことです。一般にプロセスの関連図を書いてこれを説明します。顧客から示された製品及びサービスに関する要求事項は、設計・開発プロセスにインプットされ、設計・開発のアウトプットは製造サービス提供のプロセスにインプットされ・・・、と情報のルートが図示してあります。しかし、実際はもっと複雑な情報のやり取り、つまりコミュニケーションが複数のプロセス間で行われています。例えば、**8.2.4 製品及びサービスに関する要求事項の変更** には、「変更後の要求事項が、関連する人々に理解されて」いなければならないとあります。関連する人々とは、変更の内容により様々であり一律に決めることはできません。また **8.3.5 b)** では、設計・開発からのアウトプットは「以降のプロセスに対して適切である」としていますが、これも内容により様々なプロセスに対する適切性を検討しなければなりません。例えば、製品の製造やサービスを提供するために全く新しい技能を必要とする場合、これらに従事する要員の教育訓練の計画も、アウトプットに含まれる必要があります。**8.7 不適合なアウトプットの管理** では、「製品の引渡し後、サービスの提供中又は提供後に検出された、不適合な製品及びサービス」についての適切な処置が求められていますが、これも状況や場合によって様々なプロセスが連携して処置を実施することが必要でしょう。

　このようにプロセスは相互に依存しています。そのため、プロセスアプローチによって協力関係を構築しなければなりません。ここでも、プロセス間のコミュニケーションを円滑にするための標準化が重要になっていきます。

次に、各プロセスはシステムとしての一体感を持った管理が必要です。これもプロセスアプローチの重要な要素です。品質マネジメントシステムのパフォーマンス向上のために、また品質目標の達成のために、個々のプロセスがそれぞれの最適を求めて改善を行うのではなく、システムとして全体最適の視点が求められます。複数あるプロセスの中で、より重要なプロセスに焦点をあてて、優先的な取り組みを実施します。その時に、最もリスクが大きい問題を解決するため、クリティカルな（必須の）プロセスを優先することになるでしょう。また、全体最適のボトルネックとなっているプロセスへ優先的に資源を投入することもあるでしょう。リスクへの取組みとして最もクリティカルなプロセスを決めるとき、また、ボトルネックになっているプロセスを決めるときに必要になってくるのが、プロセスの状態の正確な判断です。現場の仕組みや活動の弱いところを正確に把握する必要があります。これを実現するためには、プロセスの監視機能が十分に働いていなければなりません。つまり、クリティカルなプロセスにおいては、そこにおけるリスクが軽減されているかどうかの判断指標を用いた監視が必要であり、ボトルネックのプロセスにおいては、プロセス間の業務の流れを把握できる指標を用いて監視する必要があります。効率的かつ効果的な監視・測定を計画して実施することが求められます。

　内部監査ではプロセスアプローチを監査するのではなく、プロセスアプローチの考え方を用いた監査が重要です。一つの現場監査でとらえた課題をその現場だけの問題とするのではなく、関連するプロセスを探り出し、システム全体の中で問題点の重要性と取り組むべき課題の所在を明らかにすることになります。

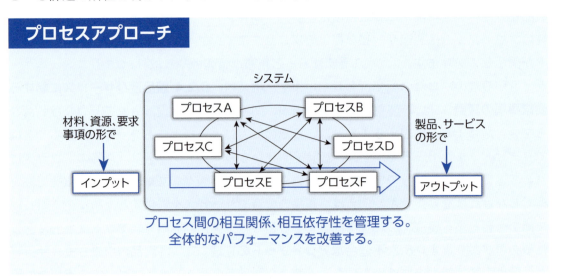

　この図に示した関係を参考に、内部監査では以下のポイントを確認すると良い。

内部監査のポイント

○それぞれの部署やプロセスの監査で

- 品質マネジメントシステムに必要なプロセス及びそれらの相互作用、これらのプロセスの組織全体にわたる適用が決められている **4.4.1**
- プロセスアプローチを利用するという、トップマネジメントの姿勢が伝わっている **5.1.1**
- プロセスアプローチを利用するための、部署間、プロセス間の内部コミュニケーションがある **7.4**
- プロセスの効果的な運用及び管理を確実にするために必要な判断基準を決定し、適用している **4.4.1、8.1**
- 判断基準に従ったプロセスの管理を実施している **8.1**
- これらのプロセスを評価し意図した結果の達成を確実にするために必要な変更を実施している **4.4.1**
- 部署やプロセスで確立した品質目標は品質方針と整合している **6.2.1**

○マネジメントシステムの監査で

- 品質マネジメントシステムのパフォーマンス及び有効性を評価している **9.1.1**
- 品質マネジメントシステムのパフォーマンス及び有効性を改善する取組みを実施している **10.1**
- マネジメントレビューを用いて、品質マネジメントシステムをレビューしている **9.3.1**
- 品質マネジメントシステムの適切性、妥当性及び有効性を継続的に改善している **10.3**

2（12）　内部監査への期待と効果

ートップマネジメントの期待に応える内部監査
ー現場の課題解決の触媒となるのが理想

　「内部監査はなぜ実施するのですか」という問いに「規格要求事項を満足するためです」という答えが返ってくることがよくあります。ISO9001の登録をされている組織の場合、内部監査を実施しないと登録が維持できないのも事実です。確かに、内部監査というのはISOマネジメントシステムの特徴のひとつです。しかし、監査という言葉の響きから、できるなら避けて通りたいという印象を受けるのかもしれません。監査員の養成から監査の実施、監査報告など一連の仕組みを運営することに苦労されている組織も多いと思います。要求事項として組み込まれているので仕方なく、という組織もあるでしょう。

　しかし、規格における内部監査の位置付けは、組織自らが行う、正に内部的なチェック機能です。そこでは、監査員は自らの仕事は監査しない、という独立性が重要です。組織は普通、トップマネジメントを頂点として、管理職を通して現場に至る指揮命令系統があります。それとは逆の向きに報告・連絡・相談という情報の流れがあります。内部監査は、これ

第一セクション　現場で活用する ISO9001:2015

らの上下の流れとは別の情報ルートということになり、そこに内部監査の意味があります。

監査には必ず監査の依頼者がいます。内部監査の場合これはトップマネジメントです。従って、**9.2 内部監査** の要求事項に沿った実施を前提に、トップの意向を汲み入れた内部監査、トップの期待に応える内部監査が目指す姿となります。これは、マネジメントレビューのインプット情報として内部監査の報告を必要としていることからも、明らかです。

2015 年版では、**4.1 組織及びその状況の理解** に組織の内部外部の課題を明確にするという要求事項があります。この内部の課題を把握する時に、トップマネジメントが職制によって入手した情報をもとにするのは当然ですが、内部監査で得た情報を用いてこれらを補完することによって、より正確な課題を特定できることになります。またこのように内部監査で得た情報を利用することは、仕事や職場の課題を解決する早道でもあるでしょう。

内部監査もひとつのプロセスとして考えると、そこに PDCA が見えてきます。計画（P）の段階では、単に日程計画を立てるだけではなく、監査によって何を達成するのかという監査の目的を決めることが大切です。このときにトップの意向を十分聞いて、トップが求める成果を目指すと良いでしょう。実施段階（D）では、最初に監査対象となる部署の事前調査を行い、現状分析しておくことが大切です。これによって、監査目的を達成するための監査の道筋を決めます。監査実施にあたっては監査員の力量が問われますが、初めから高い成果を得ることはできません。監査能力を少しずつ高めていく努力が必要です。そのためにも監査終了後の振り返り（C）が重要です。今回の内部監査で達成できたこと、できなかったこと、足りなかったこと、などを監査員が話し合う時間は計画段階で確保しておきます。この振り返りが次回に向けた改善（A）につながります。

監査で発見される不適合の多くは「・・・の記録が無い」など、決められたことが実施されていない、というところから始まります。そこから、実施すべき役割の人が実施することを忘れていた、という原因を見つけ、その人に注意して処置を終了する、という流れが多く見られます。しかし、内部監査が業務を行う人の不備を発見するだけであるなら、組織の中で定着させるのは無理ですし、規格もそれを求めているわけではありません。不備が見つかった時点からその業務の前後を辿り、仕組みの問題点を探る監査が求められています。つまり不適合が見つかったところが、仕組みを探る監査の出発点となります。監査を進める中で、仕組みの問題点が見えてきた時は、監査を受ける側と解決策についても話し合ってみてください。関係する他部門の監査で更に情報収集を必要とする点があれば、それも取り入れてください。このようにして、内部監査が課題解決の道具として機能し、認知されることが重要です。

監査結果は先ず **9.2.2 d)** にあるように、関連する管理層に報告されます。報告内容は必ずしも管理層に歓迎される内容とは限りません。時には耳の痛い内容が監査で見つかることもあります。内部監査員はその時、トップマネジメントの意向に沿った監査である事、品質マネジメントシステムのパフォーマンスの改善や顧客満足の向上のため必要である事、など監査結果を導いた根拠を説明し、安易な取り下げを行うべきではありません。管

理層への報告が規格要求事項になっているのは **9.2.2 e)** にある、是正処置を遅滞なく行うためです。次に監査報告は **9.3.2 マネジメントレビューへのインプット c) 6)** にあるように、マネジメントレビューのインプットとなり、トップマネジメントに報告されます。

内部監査のPDCA

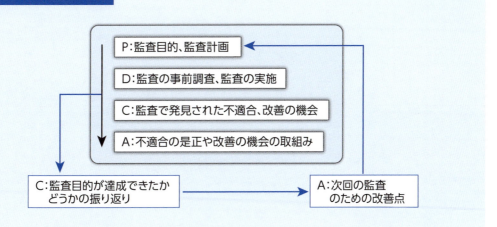

この図に示した関係を参考に、内部監査は以下のようなステップで実施すると良い。

内部監査のポイント

・組織が運用している品質マネジメントシステムの有効な実施について、トップマネジメントの持つ懸念や問題点を予め聞いておく。
・今回の内部監査における監査目的を決める。
　監査目的を決めるにあたっては、トップマネジメントの意向、関連するプロセスの重要性、品質マネジメントシステムの変更、前回までの監査結果等を考慮する。
・監査目的達成のために必要な監査対象、監査範囲、日程計画を決める。
・監査対象、監査範囲から、使用する監査基準を決める。
・客観性、公平性を考慮した監査員を選定し、監査チームを編成する。
・チームは、監査範囲、監査基準を検討し、監査目的を達成するため監査対象部署の事前調査をおこない監査の焦点を決める。
・監査を実施し、不適合及び改善の機会を明らかにする。
・改善の機会を含む監査結果を関連する管理層に報告する。発見された不適合の適切な修正と是正処置を遅滞なくとる。
・改善の機会を含む監査結果の報告書を作成して、マネジメントレビューのインプットとし、トップマネジメントに内部監査で得た情報を提供する。
・監査目的の達成度について監査チームで振り返り、次回監査に向けた改善点を明らかにして、次回に引き継ぐ。

9.2

Section Two

第二セクション　内部監査力強化の基本

　本セクションでは、内部監査力を高めるための基本について考えます。

　第2章は、改善指向の監査の実践的な組み立てについてです。

　「内部監査で不適合の指摘が多いと部署の評判にも関わるので、事前に気付いたミスを隠す」または「指摘された不適合の数を減らすように内部監査チームと交渉する」などの話を聞くことがあります。このような雰囲気の中で内部監査を行うと内部監査効果は半減します。

　内部監査の改善効果を高めるには、しっかりとした改善指向の内部監査の枠組みを作ることが必要です。具体的にどのようなステップで改善指向の内部監査体制にシフトするかについて考えます。

　第3章、第4章は、指摘、是正処置（改善提案）の基本のレベルアップについて考えます。現状の内部監査では、「指摘が形式的なミスに偏ったり、是正処置も形だけになっていて、なかなか仕組みの改善に結びつかない」との話も聞かれます。

　その原因は、指摘や是正処置に対する理解が浅いこと、また是正処置（改善策）を考える時に、仕組みや作業についての幾つかの誤解や思い込みがあることが考えられます。現場の改善力を高めるためには、まずこれらの陥りがちな誤解や思い込みを解消する必要があります。

　「形式的不適合から仕組みの改善へのステップ」「ヒューマンエラーへの取組み」「記録、文書チェックの正しい取組み」などに関して、具体的に「陥りがちな誤解や思い込み」からの脱出について考えていきます。

　また、ややもすれば見落としがちになる「不適合の影響」についての理解も深めて下さい。指摘力や是正処置（改善力）を高めるために、監査での質問の仕方についても学んでいきます。

　内部監査については、「指摘力、原因追究力、改善力を組織として一体的に向上させたい」と多くの方が考えています。

　監査活動については、「不適合の指摘に関しては内部監査員の技能」が中心であり、「是正処置（改善策）の取組みは主として被監査組織の技能」ということになります。しかしこれらを別個に分けて説明するとかえって分かりづらいと考えられるので、一連の流れとして説明しています。ですから、指摘までの部分は主として内部監査員が行う部分、是正処置に関する部分は主として被監査組織が行う部分と理解して読み込んで下さい。

　なお内部監査員の独立性は維持しなくてはいけませんが、改善策に関して多くの意見を幅広く議論することは大切です。

第2章　効果的な内部監査のために

1　内部監査の狙い

1（1）　業績向上に貢献する活動を引き出す

　ISO9001を活用することで、組織の目的達成や事業活動に大きく貢献することができます。

　内部監査では、「ISO9001を基に作り上げた仕組みが業務の安定や効率化に貢献しているか、また組織が改善に取り組んでいるか」をチェックすることが大切です。

　すなわち「仕組みや活動を有効性の視点でチェックする」ことで、業績に貢献できる指摘と改善を行うことができます。

=Point=

1．作業、活動が効果的に行われているか
2．仕組みが活動を効果的にサポートしているか

内部監査の視点

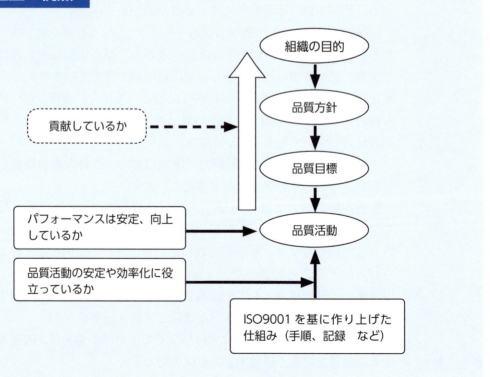

1（2） 現場活動を支える仕組み作りを

表面的に「手順や記録が適合しているか」だけを見るのではなく、「仕組み（手順など）が品質活動を効果的に支えているか」を観察します。

もし課題があれば、適切な改善を行うことで、活動や作業の安定性や効率の向上に貢献できます。

=Point

1．適合性（定められた通りか）のチェック⇒業務を支える仕組みかのチェック
2．業務に沿った監査で現場の課題（安定性、効率性、連携力など）を見つける

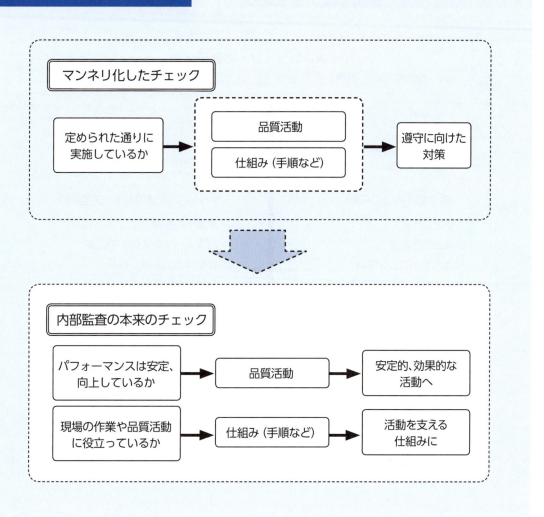

内部監査でのチェック

第二セクション　内部監査力強化の基本

1（3）　内部監査のクライアントはトップマネジメント

　トップマネジメントが目指す事業を推進する活動が展開されているか、そのために仕組みが役立っているかをチェックすることが大切です。
　そのようなチェックによって現場の課題を発見し、原因を追究して改善することで、幅広く業務改善に貢献できます。

═**Point**═════════════════════════════════

１．トップが期待している活動が、確実に、また積極的に展開されているか
２．会社の方針、目標に向かって、実務的に連携した活動が展開されているか

───

トップの期待を踏まえた改善提案

```
┌──────────────────────────────────────────────────┐
│           トップマネジメントの期待水準               │
│ (例　活動の効率化、連携と協力、品質活動、顧客指向、積極的な目標活動　など) │
└──────────────────────────────────────────────────┘
                          ▲
        期待と現場のギャップ │

┌─────────────────────┐       ┌─────────────────────┐
│   様々なギャップの例    │       │  ギャップ解消のための提案例  │
│                     │       │                     │
│ ・不安定な作業         │       │ ・標準化の推進          │
│ ・目標活動が低迷       │──────▶│ ・パフォーマンス向上の工夫   │
│ ・技能水準が向上しない   │       │ ・技能向上の工夫、提案     │
│ ・仕組みが活用されていない │       │ ・仕組みの改善、工夫      │
│ ・連携力不足          │       │ ・連携力のレベルアップ     │
│              など    │       │              など     │
└─────────────────────┘       └─────────────────────┘
                                     │
                                 ┌───┴───┐
                                 │改善│提案│
                                 └───┬───┘
                          ▼          ▼
┌──────────────────────────────┐       ┌─────────┐
│      実際の現場の活動水準、内容       │◀──────│  活動の  │
│                              │       │レベルアップ│
└──────────────────────────────┘       └─────────┘
```

42

1（4） 内部監査は現場監査にあり

「定められた仕組みがあるか、遵守されているか」だけのチェックではなく、「仕組みが現場の活動や作業の安定性・効率の向上に貢献しているか」をチェックして、「より効果的に品質活動を支える仕組み」になるように改善することが大切です。
　そのためにも、現場で実際の作業や活動を確認する必要があります。

=Point

1．仕組み（手順書など）が作業や活動を効果的に支えているか
2．作業や活動のパフォーマンスが向上しているか

内部監査のステップ

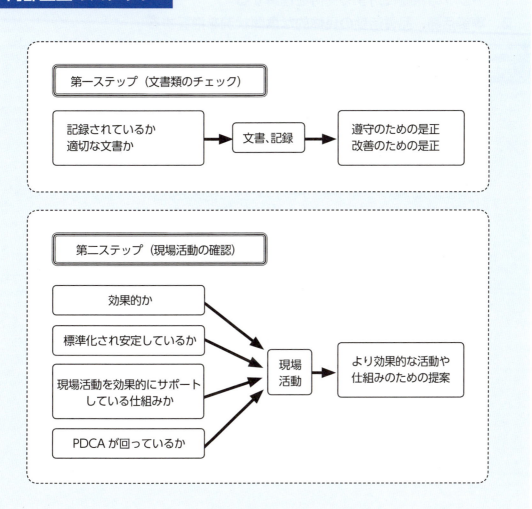

第二セクション　内部監査力強化の基本

2　組織の状況を踏まえた監査計画を立てる

　内部監査の狙い・目的を明確化することで、監査のパフォーマンスが向上します。
　すなわち、トップの品質マネジメントシステムへの期待、事業展開の方向、及び現場の状況をある程度把握した上で内部監査に臨むと、内部監査を効果的に行えます。

2（1）　トップの内部監査に対する期待の理解

　品質マネジメントシステムは、組織の目的達成に貢献することが期待されているため、まずは今の組織の活動方針、目標や具体的な展開を理解しておくことが大切です。

=*Point*

１．トップの組織に対する期待を理解する
２．事業活動、品質活動の具体的な展開状況を把握する

事業活動の方向性の把握

トップの様々な期待

・マンネリの打破
・経営体質の強化
・CS 向上
・技能伝承と技術向上
・競争力強化
・製品開発力向上
・サービス力の強化

具体的な展開

・手順厳守
・ミス撲滅
・クレーム解消
・作業効率化
・業務連携の強化
・標準化の推進
・QCD 向上
・作業技術水準の向上
　　　　　　　　　など

2（2） 被監査部署の状況の把握と監査計画

被監査部署の状況を事前にある程度把握して監査計画を作成します。また、内部監査の進め方についてもあらかじめ決めていくことが効果的です。

Point

1. 被監査部署の状況を把握する
   （業務内容の把握、各種データ、これまでの監査結果　など）
2. 被監査部署の状況を踏まえて、監査のポイントや監査計画を決める

被監査部署の状況の把握

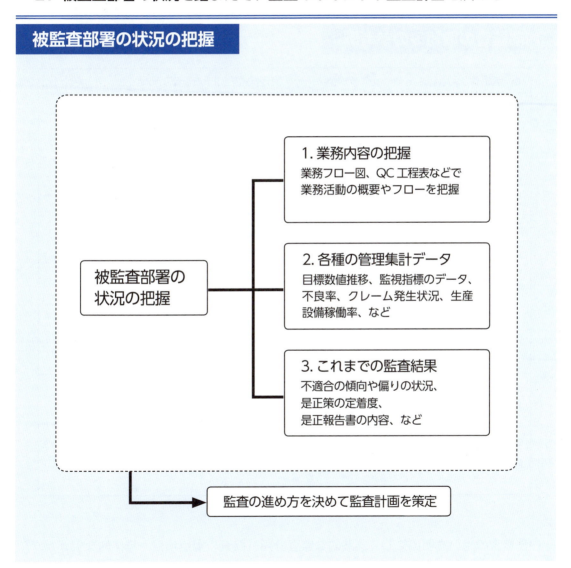

第二セクション　内部監査力強化の基本

2 (3) 組織の状況に合わせた内部監査の様々な取組み

　内部監査の効果を上げるために、被監査組織の状況や監査体制を踏まえて、実践的に工夫された様々な内部監査の取組みが行われています。以下に幾つかの参考事例を示します。

=Point

1．被監査組織の課題を理解・把握する
2．内部監査の狙いを明確にする

内部監査の取組みの参考例

被監査組織の状況、特性	現状の課題	状況・課題を踏まえた監査の狙いとチェックのポイント
製造部門の中心的な工程で、技術力のレベルアップや品質の安定性が期待されている。またその期待は、目標として展開されている	現場での様々な目標活動（技術力強化、不良の削減、3S活動　など）が、実際には停滞し目標未達が日常化している。	①狙い－目標活動の活性化 ②チェックのポイント 　目標活動の中身のチェック ・目標や施策は具体的か ・目標活動は効果的に監視・管理されているか ・必要な経営資源の投入は
職員数が比較的多い組立工程で、作業の安定性や効率化が必要な工程	手順不遵守による作業ミスやヒューマンエラーなどが発生しているが、なかなか削減されない。	①狙い－作業標準化の浸透 ②チェックのポイント ・作業手順の標準化の状況 ・実際の作業に対して作業手順は適切か ・教育訓練の実施状況 ・作業改善の必要性の有無 ・職員の力量のバラツキ状況 ・ヒューマンエラー予防への取組み状況
多品種の組立工程で、多能工化などによる効率的な作業や、柔軟で効果的な管理が必要な工程	業務の繁忙もあり、作業ミスや製品の取り違え、段取り替えの工数増 などの課題が解消されない。	①狙い－多能工化の浸透、柔軟で強靭な管理 ②チェックのポイント ・多能工化の訓練は十分か ・工程間の日常的な連携は十分か ・工程内の管理は、多品種の組立てを円滑にしているか

　内部監査の狙いを明確にし、実践的な監査計画（監査の重点項目、具体的なチェック項目や質問内容、業務チェック内容など）を作ることで、効果的な監査が可能になります。なお監査のやり方に課題がある場合（例えば、内部監査員の力量のバラツキ、是正力が不十分、内部監査のＰＤＣＡが回らない など）は、その課題解消の工夫も別途必要になります。

3　事前打合せ会の活用

　被監査部署の情報を共有し、効果的なアプローチを行うためには、監査チームによる事前打合せ会の役割は重要です。

=Point

1．内部監査の情報の共有
　　（内部監査の狙い、被監査部署の状況の確認、具体的な監査ステップ）
2．指摘のノウハウの習得

事前打合せ会の活用

1．情報の共有	①被監査部署の現在の状況と課題を確認する ②どのようなアプローチで監査に臨むかを明確にする ③監査の進め方の明確化 　・内部協議の手順 　・指摘基準 　・情報の交換　など
2．監査のステップの確認	①文書、記録チェックと現場活動チェックの時間配分 　・どこをチェックするか（書類、現場、製品、作業など） ②現場チェックの進め方 　・現場でのチェックの対象 　・重点対象項目 　・活動チェックのポイント 　・時間配分　など
3．指摘ノウハウの習得	①形式的指摘から仕組み改善へのアプローチの方法 　・データ収集 　・課題把握力　など ②ヒューマンエラーに対する考え方の理解 　・力量のバラツキ 　・氷山の一角かのチェック ③現場の課題への直接的なアプローチの方法

4　Win-Winの関係を作ること

　内部監査で大事なことは"あら捜し"に来たと誤解されないことです。
　そのためには、改善指向の内部監査であるとの趣旨を被監査部署と監査チームが共有することが必要です。言い換えれば、Win-Winの関係が事前に理解されていることが大切です。
　Win-Winの関係を作るためには、①改善指向の監査体制、②監査技能のレベルアップなどが必要です。

Point

1．内部監査員や被監査部署に「改善のための内部監査」の趣旨を浸透させる
2．内部監査の狙いや枠組みを監査計画などで明確にする

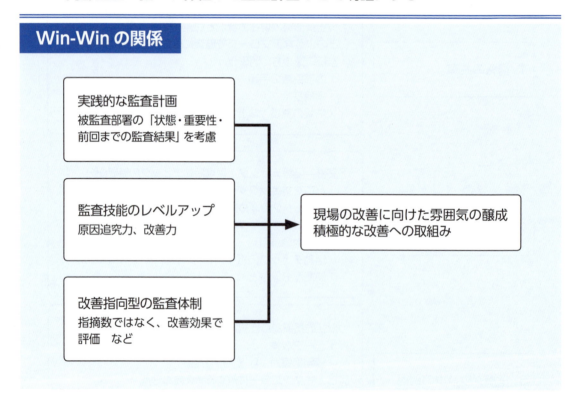

5　チェックリストのレベルアップ

5（1）　チェックリストへの期待と課題を明確に

　チェックリストは、「内部監査の狙い」や「被監査部署の状況」を踏まえて作成すれば、高い効果が得られますが、一方チェックリストがマンネリ化している場合もあります。
　まずはチェックリストへの期待と課題を明確にして、チェックリストの改善の方向をハッキリさせます。

=Point

1．現状のチェックリストへの期待と実際の運用面の課題を明確にする
2．チェックリストの改善の方向を定める

チェックリストへの期待と課題

チェックリストへの期待　（例）

1. 現場の品質活動の課題を幅広く追究する
2. 課題追究力を高める

チェックリストの課題　（例）

1. 指摘が偏る（狭くなる）
   「記録の不備」「文書が最新版でない」などの文書管理上のミス中心の指摘
2. チェック項目の○×で終わってしまう。
   「〜手順はありますか」⇒「〜手順はありました／〜手順はありません」
   「○○記録を見せてください」⇒「記録がありました／ありません」

チェックリストの改善の方向　（例）

1. 幅広く課題を見つける切り口を持つ
   ・現場の課題を直接見つける
   ・オープンクエスチョンの活用（…はどうなっていますか　など）
2. 改善の視点で追究の切り口を広げる
   ・有効性のチェック　　　・ベストプラクティスの手順の追求　　　など

5（2） 多面的なチェック項目の展開

　現場監査では現状を多面的に把握する姿勢が必要です。
　すなわち、「文書・記録のチェック」だけではなく、「現場の状況は期待どおりか、作業や活動が効率的か、仕組み（手順など）が役立っているか」などの項目を組み合わせて、多面的に現場の課題を把握します。

=Point

1．活動のチェックを多面的に行う（その前提での文書類のチェック）
　　（安定しているか、効果的か、効率的か、などの確認）
2．仕組みが活動を効果的にサポートしているかのチェック

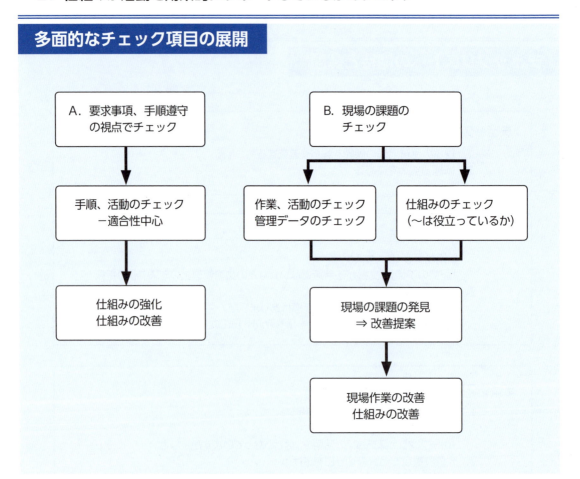

多面的なチェック項目の展開

参考　具体的なチェック項目などは　第5章「現場監査のポイント」を参照

5（3） チェックリスト作成と活用のステップ

　被監査組織の現状を把握し、監査の狙いを明確にした上で、チェック項目に具体的に落とし込んでいくステップを踏むと、使いやすいチェックリストの作成が可能になります。

　チェックリストの作成については、内部監査員の力量などを勘案して、なるべく多くの関係者（含む事務局）の協力を得て作成すると効果的です。

　またチェックリストは、関係者へのアンケートやヒアリングなども活用して、毎年確実にレベルアップすることが大事です。

=Point

1. 監査の狙いを明確にして効果的なチェックリストの作成を
2. 毎年確実なチェックリストのレベルアップ

チェックリスト作成と活用のステップ

1. 被監査組織の現状を把握	① 被監査組織の状況を把握 ② 現場監査で重点的に確認する箇所や、注意すべき点を明確にする
2. 監査の具体的なやり方を決める	① 書類、現場作業のチェックと時間配分 ② チーム分担　など
3. チェックリストを作成する	① 内部監査チーム内で協力 ② 事務局の指導またはサポート ③ 監査リーダーが作成 ④ 各内部監査員が作成
4. チェックリストの活用とサポート	① チェックリストの他に、現場チェックの指針などを作成する ② 内部監査チーム内で協力しながらチェック（監査の実施）
5. 毎年チェックリストを改善する	① （監査終了後）内部監査員や被監査組織へのヒアリング ② 成果の評価（パフォーマンスの向上など）

5 (4) 様々なチェックリストのパターンについて

「内部監査の狙い」を基本に、さらに「被監査組織の状況、内部監査員の力量、従前の内部監査の指摘状況」などを踏まえて、様々なチェックリストを作り込みます。

なお内部監査員の力量や内部監査の狙いなどから、状況によってはチェックリストを使わずに効果的な内部監査を行っているケースもあります。

ここでは幾つかの基本的なチェックリストのタイプを整理します。

実際には組織の状況に合わせて、幾つかのチェックリストのタイプを使い分けていくことになります。

=Point

1. **内部監査の狙い、内部監査員の力量、被監査組織の状況などを踏まえたチェックリストを**
2. **内部監査員の教育訓練の重視**

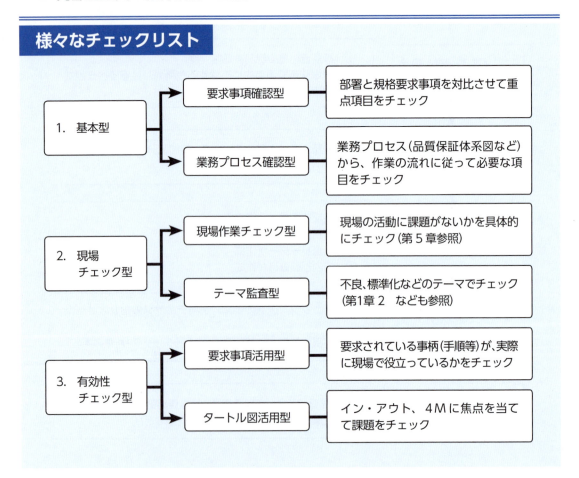

次に各チェックリストの活用のポイントを述べていきます。

5 (5) 要求事項確認型チェックリスト

①このチェックリストの狙い

本タイプのチェックリストは、各部署やプロセスの規格要求事項の重点項目が守られているかを確認します。

②このチェックリストの有効性

定められた手順や記録などのチェックは、システムが確実に構築されていることを確認する基本的なチェックです。特にシステムが構築されて間もない場合などは、大事なチェックとなります。

③チェック項目について

a　必要な手順や記録の有無を具体的にチェック項目に落とし込んで、どのようにしてルールが守られているかを確認します。

これによって要求事項に該当する作業や管理活動などが確実に行われているかのチェックが可能になります。

チェックの参考例

質問「××活動は、どのようにして品質が保たれるようにしていますか」

回答「△△手順にもとづき、作業を行なっています」

回答に対する追加の質問

「それが行われているところを見せてください」

「その実施記録を見せてください」

b　さらにパフォーマンスの観点から、

「○○手順は、機能していて、期待されている効果を上げていますか」などのチェックや質問も可能です。

例えば、「××活動は、どのようにして品質活動のレベルアップや品質目標に寄与していますか」　など

④留意点

このタイプのチェックは、システムが構築されてある程度の期間が過ぎて、内部監査で大事な課題が指摘されない場合などにマンネリ化する恐れがあります。即ち記録の有無や文書類の整合性のチェックだけなどの形式的なチェックに陥り、不適合が発見されても形式的是正に留まるなどの状況が見られます。

第二セクション　内部監査力強化の基本

形式的な不適合と是正処置の参考例：

チェック	「定められた△△手順はありますか。文書は最新版ですか」	「記録はありますか」
不適合	「最新文書ではない」	「記録がない」
是正処置	「最新版の文書にします」	「すぐ記録をつけます」

　そのような場合は、第3章「監査力向上のポイント」で説明しているように、基礎的な是正力を高める努力や工夫が必要です。

　また、「現場作業の安定性や効率性」「仕組みの有効性」などに視点を広げる他のタイプのチェックリストを活用して、監査力を高めることも大事です。

　また文書・記録の適合性のチェックで、傾向的に同じような問題が指摘されている場合は、それらの課題に共通した背景や原因を深堀りして、対策を講ずる必要があります。

=Point

1. 仕組みが確実に構築されているかの基本的チェック
2. 適合性チェックの不適合からも、仕組みの改善につなげる是正力を高める

要求事項確認型チェックの参考例

	規格要求事項	管理本部	営業部門	設計部門	購買部門	製造部門	検査部門
4	組織の状況	◎					
5	リーダーシップ	◎	○	○	○	○	○
6	計画	◎	○	○	○	○	○
7	支援	◎	○	○	○	○	○
8	運用						
8.1	運用の計画及び管理	◎	○	○	○	○	○
8.2	製品及びサービスに関する要求事項		◎				
8.3	製品及びサービスの設計・開発			◎			
8.4	外部から提供されるプロセス、製品及びサービスの管理				◎		
8.5	製造及びサービス提供					◎	
8.6	製品及びサービスのリリース						◎
⋮							

要求事項確認型チェックリストによるチェックの参考例（製造部の例）

要求事項 または手順	質問・チェック項目	チェックの趣旨	不適合の参考例
社内手順	○○手順の△△記録を見せてください	定められた作業をしているか	△△の記録がない
社内手順	○○文書を見せてください	文書は適切に管理されているか	最新文書ではない
6.1	リスク及び機会への取組みの計画を見せてください	計画はあるか、必要な条件を満たしているか	計画がない／計画が必要な条件を満たしていない
8.5.1	製造及びサービス提供は管理されているか	a～hの各項目は、必要な条件を満たしているか	△△の管理が不十分
8.5.2	トレーサビリティはどのように管理されていますか	適切な手段で管理されているか	××の状況があり、管理が不十分
8.7.1	不適合品は確実に管理されていますか	仕組みは十分か。運用面も確実に実施されているか	××の状況があり、実施面に△△の課題がある
8.2.4	変更の事例はあるか。関連する人々に理解されているか	変更された事項について確実に理解される仕組みがあるか。機能しているか	変更された事項について理解が不十分な人がいる

第2章 効果的な内部監査のために

5 チェックリストのレベルアップ

第二セクション　内部監査力強化の基本

5（6）業務プロセス確認型チェックリスト

①このチェックリストの狙い

　　業務プロセス図（品質保証体系図などをベースにすることが多い）を使って現場作業や管理活動の流れを理解し、さらに関連する手順書や記録の仕組みを確認します。それらを踏まえて実際の作業や管理の活動が期待どおりか、手順や仕組みが機能しているかなどをチェックします。

②このチェックリストの有効性

　　現場の活動の流れを把握した上で、「システムが確実に構築されているか、また運用面で問題がないか」などの、管理面や作業上の課題をチェックします。
作業や活動の実態を把握することで、実務的で効果の高い改善が可能になります。

③チェック項目について

　　手順や仕組みといった基本的な面と実際の作業や管理活動を比べるために、標準化された仕組みを確認して、その上で実際の作業や管理活動をチェックします。

④留意点

　　本タイプのチェックリストは、本来「作業の流れ」を把握することにより、その前後工程との連係も考慮しながら、「現場の作業や活動の課題」をつきとめていこうとするものです。しかし監査員の力量によっては、手順・記録などの有無のチェックにとどまってしまう可能性もあります。

　　よって監査員の力量を引き上げる教育訓練や他のチェックリストも併用したアプローチも行うなど、監査効果を高める工夫が必要になります。

　　また事前に被監査部署で発生した課題を把握していれば、より有効なチェックができます。(なお QC 工程図などを使ってチェックするケースもあります)

═Point═

1. 業務プロセスを理解して、文書類や作業・活動内容の実践的なチェックを
2. 「作業・管理活動」と「ツールとしての文書類」の関係の理解を深める

業務プロセス確認型チェックリストの参考例

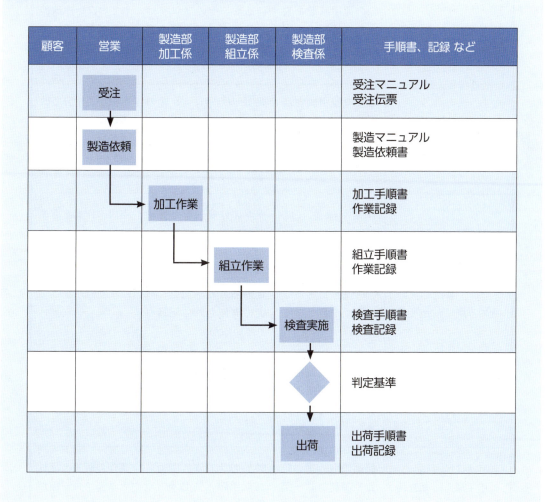

第二セクション　内部監査力強化の基本

業務プロセス確認型チェックリストによるチェックの参考例

要求事項 または手順	部署	質問・チェック項目	チェックの趣旨	不適合の参考例
社内手順	製造部	業務フロー図と実際の運用状況を教えてください	業務フローは守られているか。そのフローは合理的か。工程間の連携は確実に行われているか	業務フローが守られていない。改善の余地がある。工程間の連携が不十分
社内手順	製造部	必要な監視測定は行われているか	製品の流れ、品質のチェック、作業内容、パフォーマンス内容などは適切に監視されているか	監視が不十分で改善が進んでいない
社内手順	加工係	作業手順書、QC工程図を見せてください	実際の作業内容と標準文書にギャップはないか	実際の作業と標準が異なっていた
社内手順	加工係	○○文書にある△△記録を見せてください	定められた活動は、確実に実施されて記録されているか	△△記録がない
社内手順	組立係	最近の不良及び不適合品の不適合報告書を見せてください	訓練や作業手順書などの標準や仕組み上の課題の有無	××の課題がある
社内手順	組立係	製品の取り扱い規定や業務フロー図を見せてください	製品の流れが、定められた手順と同じか（現場でチェック）	実際の製品の流れと業務フロー図が異なっていた
社内手順	検査係	検査基準を見せてください	定められた検査基準が実際に守られているか	検査基準が順守されていない

5 （7）現場作業チェック型チェックリスト

① このチェックリストの狙い

実際に現場の作業などが、期待通り確実に行われているかをチェックします。

② このチェックリストの有効性

現場作業や活動を現場で直接チェックして、仕組みの課題などを的確に追究すれば、実践的な改善効果が期待できます。

③ チェック項目について

大きく以下の二つの視点があります。

a　実際の現場作業や活動が、定められた手順通りに行われているかを現場で直接チェックします。そのため、仕組みや手順が機能しているか、また実際の作業・活動が期待通り行われているかを具体的なチェック項目に落とし込みます。

b　現場の作業や活動の実務的な懸念点を見つけることから始めるやり方です。発見された懸念点を深掘りして、背景にある仕組みの課題を見つけ、その課題解消を行うことで直接的に現場の改善に結びつけます。

実際のチェック項目のイメージは、第5章「現場監査のポイント」に詳しく記述しているので参照して下さい。また第3章 2「幅広く現場の課題を発見する」も参照して下さい。

④ 留意点

事前に各現場の作業内容などを把握してチェック項目を明確にします。その上で現場作業や製品の流れ、管理方法を実際に確認して、実務上の課題の有無をチェックします。

さらに被監査部署で発生した課題などについて把握していると、内部監査のチェックの切り口が鋭くなります。

現場に役立つ仕組みを目指してチェックを行うという趣旨を、内部監査員や現場の職員が良く理解することも必要です。

また現場の直接的な不適合ではなく、懸念点からスタートする場合は、監査チーム内で問題を共有して深掘りし、課題をクリアにすることが効果的です。

なお現場の実務的な懸念点は、内部監査員の業務経験に基づいて発見していくと効果的です。

第二セクション　内部監査力強化の基本

=*Point*=

1. 現場作業などのムリムダムラを取り除くという改善の視点が大事
2. 現場チェックのノウハウを蓄積して、チェックのやり方のPDCAを回す

現場作業チェック型チェックリストによるチェックの参考例

チェック対象	質問・チェック項目	チェックの趣旨	懸念点または不適合の例
日報	イレギュラーな状況はあるか	管理面の課題の有無	●修理時間が増えている ●待ち時間が多い
現場作業	手順は順守されているか	手順書などが役立っているか	●順守されていない ●作業標準化が遅れている ●作業者の力量が不十分
作業環境	現場は乱雑になっていないか	作業環境は整備されているか	●作業環境整備のルールが不十分 ●作業者の意識が不十分 ●リスクの認識が低い ●管理や監視が弱い
製品保存	製品の取り扱いは丁寧に行われているか	製品、仕掛品の保存管理は十分か	●乱暴に取り扱われている ●リスク管理の考え方が浸透していない ●管理の仕組みの標準化が遅れている
製品識別	識別は、作業上確実に行われているか	識別管理に、課題はないか	●仕掛品、手直し品等の識別が不十分 ●識別管理の決まりごとが守られていない
治工具	治工具の台帳と現物は一致しているか	正しい治工具を使い、製品品質が安定しているか	●治工具を管理する仕組みが現場の活動と合わず、管理が不十分になっている

注）懸念点が見つかった場合は、深掘りして仕組みの課題などの原因を更に追究する

現場作業チェック型チェックリストを用いた改善例

例	チェックの趣旨	チェック項目	懸念点または不適合	その原因	対策例
1	期待通りでない作業や活動の有無	作業者の作業内容	A組立て工程で、組立て作業を確認したところ、作業者によって組立て作業の細部のやり方にバラツキがあり、作業スピードにも差があった。	作業者や管理者にヒアリングした結果、原因は以下の3つと考えられる。 - 作業指示書の作業標準が不足 - 教育訓練が不十分で力量に差がある - 作業の監視測定が弱く、改善に結びつかない	- 作業指示書の内容の改善 - 教育訓練の見直し - 監視測定のやり方と評価の仕組みの改善
2	現場で懸念される点のチェック	作業現場の管理状況	B加工工程で、担当者の後ろに仕掛品（手直し品、加工不良品、作業待ちの部品など）が雑多に置かれていた。製品の取り違えなどによる作業ミスが懸念される。	ミス防止のための現場でのきめ細かい製品仕分けの工夫不足	担当者のそばに、製品仕分け用の小分けできる箱を設置
3	イレギュラーな状況の有無	日報のチェック	Cプレス工程での管理日報綴りを確認したところ、三ヶ月前からプレス機の修理の時間が徐々に増えてきている。修理工数の増大、設備稼働率の低下が懸念される。	一部のプレス機の入替えと管理ソフトの更新によって設備管理に不慣れが生じ、混乱している	- 設備の管理ソフトの見直し、改善 - 管理ソフトに習熟するための教育・訓練の実施

第二セクション　内部監査力強化の基本

5（8）テーマ監査型チェックリスト

①このチェックリストの狙い

　監査の主要テーマを決めて、それに沿って「作業、活動、管理のやり方、仕組みの機能」などをチェックします。テーマとしては、例えば「不良の削減」などが考えられます。テーマによってチェック項目は変わりますが、各テーマの課題解消や改善の観点からチェックを行います。

　なお本書第１章２「現場から見た内部監査活用のポイント」において、様々な観点から改善の視点を述べていますが、このようなチェックもテーマ型監査の一つと言えます。

②このチェックリストの有効性

　業務上の重要なテーマに対して重点的にチェックを行うので、確実に是正されれば、高い改善効果を得られます。

③チェック項目について

　例えば「不良削減」をテーマとする場合は、具体的な状況（不良の発生状況、過去の推移、管理の仕組み、技術面の課題、これまでの改善の取組み、各種の管理データなど）をある程度事前に把握します。

　そして考えられる重点チェック項目を明確にして、きめ細かく、様々な視点からチェックを行います。被監査組織とのコミュニケーションを十分に行うことも大切です。

④留意点

　是正力を高めるには、内部監査員や被監査部門の職員を含めて、原因の追究や是正策のあり方などについて、積極的に議論を深める事が大事になります。

=Point

1. 事前に監査テーマに関する現場の状況を把握し、監査チームで共有する

2. 現場で監査チームと被監査組織の職員が建設的に議論する

5 (9) 要求事項活用型チェックリスト

①このチェックリストの狙い

　　5 (5) の要求事項確認型チェックリストで述べているように、システム構築の状況を手順や記録の有無でチェックする事は基本です。

　　しかし最終的には、今の仕組みや手順が作業や活動を円滑にサポートしているか、という運用面での有効性をチェックすることが大切です。

　　有効性チェックには、様々な視点のチェックがありますが、要求事項をベースにした有効性のチェックも一つの手法です。

②このチェックリストの有効性

　　要求事項では現場の作業や管理活動の主要な管理ポイントが述べられています。その要求事項によって定められた手順や仕組みが、現場で役立っているかをチェックすることが基本の考え方です。有効性の観点からのチェックは、業務改善への貢献度が高いと言えます。

　　またこのようなチェックを行う事で有効性チェックの考え方が理解され、システムチェックの基本が浸透します。

③チェック項目について

現場の仕組みや手順が組織の活動を円滑にサポートしているかをチェックします。

④留意点

　　質問が抽象的、又は、はい／いいえで回答ができてしまうクローズドクェスチョンだけだったりすると、議論が深まらない恐れもあります。

　　そのため各現場での実際の課題の発生状況などを把握して、関連する手順や仕組みについて具体的に質問し、オープンクェスチョンも組み合わせながら監査を進めると効果的です。

　　(例えば、「作業ミスが発生していますが、作業手順があり教育訓練も実施しているのに、なぜ作業ミスが発生したのですか」といった質問)

第二セクション　内部監査力強化の基本

=*Point*=

1. 有効性チェックの基本を理解する

2. チェックの質問が甘くならないような工夫が必要

要求事項活用型チェックリストによるチェックの参考例

ISO 9001　8.5.1 項の例

要求事項	要求事項確認のチェック	要求事項活用のチェック
a) 文書化された情報の利用	●○○文書はあるか ●○○手順は守られているか	●○○文書は活用されているか ●○○手順書は今も有効か ●利用者に読みやすく、理解しやすいか
b) 監視測定の資源の利用と使用	●定められた監視測定機器はあるか ●手順通り管理されているか	●この監視測定はなぜ必要なのか ●必要にして十分な資源か
c) 監視測定活動の実施	●定められた監視測定機器が使われているか ●監視測定の記録はあるか	●監視測定の結果は、分析され、改善に結びついているか ●結果の記録と生データの違いを生じさせない仕組みはあるか
d) 適切なインフラと環境の使用	●必要な管理手順はあるか ●手順通り管理されているか	●インフラと環境を適切な状態に保っているか（取組みは効果を上げているか）
e) 力量を備えた人々	●力量は管理されているか	●管理された力量は発揮されているか
f) プロセスの計画達成能力の妥当性確認	●必要な場合、プロセスの妥当性確認がなされているか	●妥当性確認の方法はなぜ適切といえるのか ●妥当性の再確認とパフォーマンスは
g) ヒューマンエラー防止のための処置の実施	●必要な処置は実施されているか	●ヒューマンエラーは発生していないか ●処置は効果を上げているか
h) 引渡しなどの実施	●引渡しは手順通り実施されているか	●引渡しまたは引渡し後の活動に問題は発生していないか

5 (10) タートル図活用型チェックリスト

①このチェックリストの狙い

俯瞰的にプロセスの有効性をチェックするために、タートル図を活用しているケースもあります。

次ページに示すような俯瞰的な図を用いて、プロセスの活動を多面的にチェックし、プロセスの有効性を高めます。

②このチェックリストの有効性

タートル図を活用したチェックでは、プロセスをチェックする様々なアプローチが可能となります。

③チェック項目について

a プロセス内の主要な活動（4M、以下参照）が、それぞれ期待された活動や成果を上げているか
- Methods　　　　　　　：各種計画、指示書などの仕組み、各種管理規定　など
- Machine, Material　：製造設備、在庫、外注先管理　など
- Man　　　　　　　　　：力量、教育訓練　など
- Measurement　　　　：監視、測定、評価、改善　など

b 4M がお互いに連携して、相乗的効果を上げているか

c インプットに問題は無いか（計画通りか、必要な情報の添付は、不安定さは）

d アウトプットに問題は無いか（問題の原因はどこの活動か）

e アウトプットは次工程に期待されるインプットと完全に合致しているか

などのチェックができます。

④留意点

慣れていない場合は、従来からの様々なチェック項目に加えて、このようなアプローチを付加して、効果的な内部監査チェックのノウハウを一歩ずつ積み上げていくことが大事になります。

またこのようなアプローチで効果を上げるためには、第3章「監査力向上の基本ポイント」で述べられているような基礎的な是正力を高めることが大事になります。

第二セクション　内部監査力強化の基本

Point

1. プロセスの有効性向上のために多面的にチェックする
2. 他のチェックリストと並行して活用し、有効性チェックの技能を向上させる

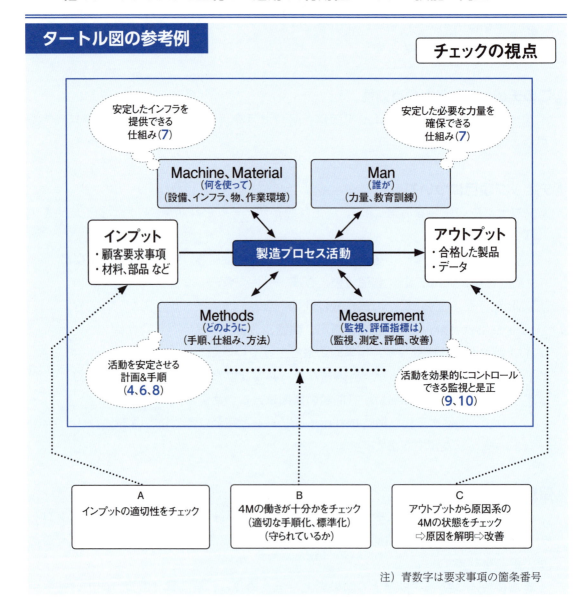

タートル図の参考例

注）青数字は要求事項の箇条番号

プロセスの定義（製造プロセスの参考事例）

チェックの対象

第2章　効果的な内部監査のために

5　チェックリストのレベルアップ

妥当なものか効果を上げているか

Machine、Material（何を使って）
（設備、インフラ、物、作業環境）
・製造設備、監視機器
・管理システム
　（設備メンテナンス、インフラ管理、在庫管理システム）
・作業環境
・外注先管理
・その他（保管設備、システム）
　（情報システム）

活動の安定活動の向上

Man（誰が）
（力量、教育訓練）
・要員の力量
　（工程要員、特殊工程の工員の能力、検査監視員）
・教育訓練計画
・必要な参画姿勢
・教育訓練の有効性の評価

インプット
・顧客要求事項
・設計のアウトプット
・顧客からの支給品
・合格した購買製品
　（材料、部品）
・各種記録
　（受入検査記録、外部委託加工記録など）
・目標数値

適切か

製造プロセス

アウトプット
・合格した製品サービス
・製造記録
・検査記録

必要にして十分か

Methods（どのように）
（手順、仕組み、方法）
・品質計画、目標
・各種規定
　（生産管理、在庫管理、識別、取り扱い、など）
・指示書
　（作業指示書、QC工程表、検査指示書　など）
・統計的管理技法

機能的か役立っているか

Measurement（監視、評価指標は）
（監視、測定、評価、改善）
・不良率
・歩留まり率
・在庫回転率
・納期達成率
・生産性数値
・工数管理数値
・クレーム数
・設備稼働率
・CS測定値
・プロセスの監視、測定結果
・MRへのインプット情報

プロセスの監視データを改善につなげているか

第二セクション　内部監査力強化の基本

プロセスのチェックの視点（製造プロセスの参考事例）

チェックの視点

Machine、Material（何を使って）
（設備、インフラ、物、作業環境）
・製造設備、監視機器は適切で妥当か
・設備メンテは適法で、確実か
（法令遵守、現場の乱れは）
・材料部品の取扱は乱暴でないか
・設備の予防保全活動は
・外注先の管理は効果を上げているか
・ソフトウェアの管理は適切か

Man（誰が）
（力量、教育訓練）
・製造プロセスの有効性向上に貢献したか
・力量の定義は十分か
・実際の力量と必要な力量のギャップを埋める手段は
・参画姿勢は十分か
・力量の監視は十分か
・不具合と力量の関係は

インプット
・顧客要求事項は明確か
・設計のアウトプットは適切か
（量産設計など）
・材料、部品は安定供給されているか
・合否判定基準は明確か
・品質方針や事業計画にそった役割が期待されているか

製造プロセス

アウトプット
・計画通りの結果か
・顧客要求事項を満足させるか
・CSの向上に貢献しているか

Methods（どのように）
（手順、仕組み、方法）
・計画はポイントをおさえているか
・製造プロセスの変更に対する対応はタイムリーか
（市場、新製品、技術変更）
（目標、必要な資源／情報）
・規定、手順は安定性に貢献しているか（使われているか、守られているか、改善されているか）
・力量や実際の業務とのバランスは両立しているか
・内部コミュニケーションは十分か
（必要な情報は、どんな手段で）

Measurement（監視、評価指標は）
（監視、測定、評価、改善）
・判断基準と品質方針、目標との関連は妥当か
・傾向的に指標は改善されているか
・各指標の結果数値に問題があった時に、確実に改善されているか
・プロセスの有効性改善に貢献する監視指標か（原因系の監視は）
・監視指標から改善した事例は

プロセスの課題の例 （製造プロセスの参考事例）

課題の例

Machine、Material（何を使って）
（設備、インフラ、物、作業環境）

・設備のチョコ停がなおらない
・治工具の取り扱いが乱暴で作業が不安定
・段取替えのノウハウが共有されていない
・必要な作業環境が不明確
・現場が乱雑で管理が甘い、3Sが不徹底
・外注先のレベルアップが不十分
・管理システムの機能が弱い

Man（誰が）
（力量、教育訓練）

・教育計画が立てられていない
・訓練結果の有効性の基準が不明確
・資格認定中心で必要力量とギャップ
・教育訓練の結果が現場の必要な関係者にフィードバックされていない
・繁忙時の臨時要員の力量が不足
・力量不足やバラツキを補完する仕組みや活動が不足
・手順遵守の意識が弱い

インプット
・顧客要求事項の変更（納期変更も含め）や設計変更が度々発生する
・材料、部品の品質や納期など安定しない
・合否判定基準があいまい
・目標があいまい
・品質方針（例 納期短縮）とずれた目標（例 精度向上）
・最近の顧客ニーズを反映しない商品（性能、価格）

製造プロセス

アウトプット
・クレームの多い製品
・コスト、品質、納期が計画を下回る製品
・市場シェアが低下
・工程間のトラブルが発生

Methods（どのように）
（手順、仕組み、方法）

・製品変更に伴う指示書の変更が不十分で作業が不安定
・組み立てのB工程で作業手順書が守られていない
・設計、購買との変更情報の連絡が緊密でない
・生産計画があいまいで、現場の活動が乱れている

Measurement（監視、評価指標は）
（監視、測定、評価、改善）

・目標の「歩留まり改善」が計画未達
・不良率は全体では計画通りだが製品別の不良率のバラツキが拡大
・A工程の在庫が常に他工程より多い
・出荷検査の記録から、月末の異常が多く改善されない
・CS調査の結果が製造プロセスの改善に活用されていない

第2章 効果的な内部監査のために

5 チェックリストのレベルアップ

6 監査員サポートの枠組み

監査員のサポート（含む教育訓練）は、一貫した枠組みの中で行い、その仕組みや活動が、毎年 PDCA を回すことで確実にレベルアップされることが大切です。

=Point

1. 内部監査員をサポートする枠組みの明確化
2. 毎年確実にレベルアップする努力と工夫

監査員サポートの枠組み

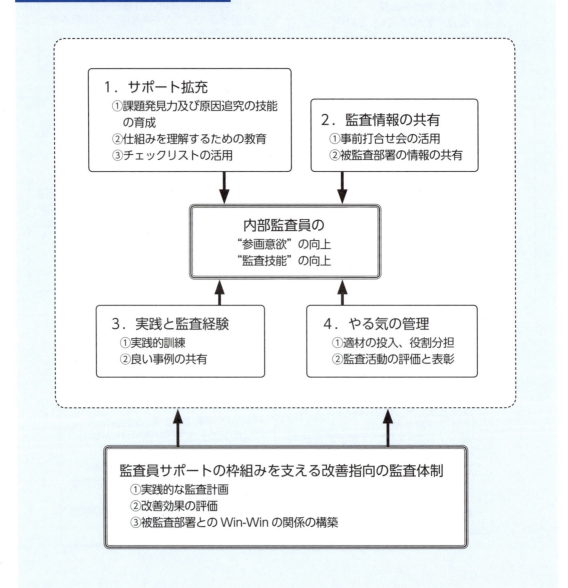

第3章　監査力向上の基本ポイント

1　形式的不適合から仕組みの改善へのステップ

　実際の内部監査に対する意見に、「指摘事項が、文書や記録の有無などの形式的な指摘に偏っている」「是正処置が"すぐ直す、すぐ記録をつける、厳重注意する、シッカリと教育する"などが多くて、本当の意味での改善につながっていない」「現場の本当に改善すべき問題点の指摘を増やすために何をなすべきかわからない」などの切実で貴重な意見を聞くことがあります。

　監査力を向上させるために、形式的な不適合だけでなく、幅広く現場での活動上の問題点や仕組みの改善点などを直接指摘して改善することは、一つの大切な取り組むべき方向です。

　本書でも、その点について具体的にどのようにするかについて、様々なアプローチを行っています。

　しかし一方、"不良、クレーム、ミスは宝の山"だと言う言葉がありますが、「手順ミス」のような形式的ミスからも、活動上の本当の問題点（活動が効果的で無い、作業が不安定　など）や、仕組みの問題点（作業に役に立っている仕組みか、効果的な管理活動を支えているか　など）を発見することも十分可能です。

　また、このような「形式的不適合」から現場活動の問題点を追究して改善力を高めることは、システムのＰＤＣＡを回す最も基礎的な力になります。

　本章では、まずいかにして「形式的な不適合」から作業や活動の問題点を追究し、改善していくか、というところから始めます。

71

第二セクション　内部監査力強化の基本

1（1）「形式的な不適合と不十分な是正処置」について

「記録が無い」、「最新文書ではない」などの指摘に対して、「すぐ作成する」「意識を徹底する」「たまたまの不注意で反省する」などを是正処置としているケースがありますが、これらの多くは修正や手直しに近いものです。（事例A　参照）

　このような不十分な是正処置では問題が再発して、業務の負担が増えることにもなりかねません。

　形式的な不適合からも活動上の本当の原因を発見して、確実に改善することが大切です。このことで現場の改善力の基礎が確立されます。

═Point═

1．自社の形式的な是正処置の事例をチェックする
2．それらの事例がなぜ形式的な是正処置になったのか考える

不十分な是正処置の例

事例A

1．不適合の指摘
　　○○の文書、××記録が作成されていない。

2．原因
　　○○の文書、××記録を作成することを失念した。

3．是正処置
　　すぐ作成する。
　　失念しないようダブルチェックする。

4．効果確認
　　当該担当者は確実に作成しているが、しばらく後に他の担当者で同じように作成していない事例が発見された。

5．その後
　　そのため、本当の原因を追究するように指示したが、改善された是正処置はなかなか上がってこなかった。

1（2） 何故良くならないのか

　原因追究が甘くなって改善が進まないケースは、システムや仕組みに対しての誤解や勘違いが背景にあると考えられます。
　まずこれらの誤解を取り除いて、客観的に現状を理解・分析することから始めることが必要です。

=Point

1. 陥りやすい誤解や勘違いを乗り越える
2. 作業や活動と仕組み（手順など）の関係をもう一度見直す

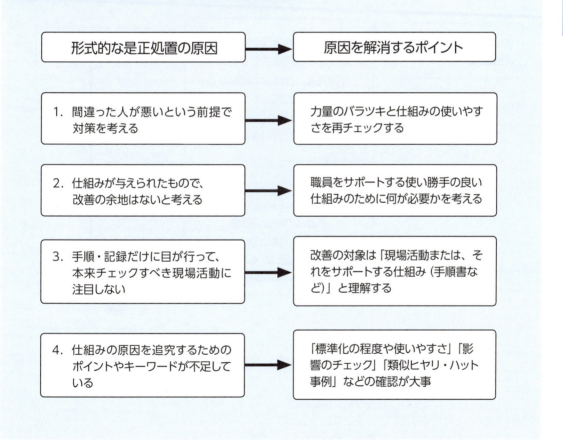

形式的な是正処置を回避するために

形式的な是正処置の原因	原因を解消するポイント
1. 間違った人が悪いという前提で対策を考える	力量のバラツキと仕組みの使いやすさを再チェックする
2. 仕組みが与えられたもので、改善の余地はないと考える	職員をサポートする使い勝手の良い仕組みのために何が必要かを考える
3. 手順・記録だけに目が行って、本来チェックすべき現場活動に注目しない	改善の対象は「現場活動または、それをサポートする仕組み（手順書など）」と理解する
4. 仕組みの原因を追究するためのポイントやキーワードが不足している	「標準化の程度や使いやすさ」「影響のチェック」「類似ヒヤリ・ハット事例」などの確認が大事

参考
　業務は日々変化しています。標準化された手順や仕組みを遵守することで良い効果をもたらしますが、一方「業務の変化、力量の変化」などがあれば、仕組みの改善が必要になります。

1 (3) 良い是正処置のために

　まず実際の状況を多面的に把握します。現状を客観的に把握すれば、形式的な不適合からも仕組みに起因する原因を追究して、確実に改善することが出来ます。
　また影響のチェックを行って、効果的な改善策にすることが大切になります。

=Point

1．現場の状況（活動内容、仕組みの働きを含めて）を幅広く客観的に把握する
2．不適合の影響を確認してベストプラクティスの是正処置を追究する

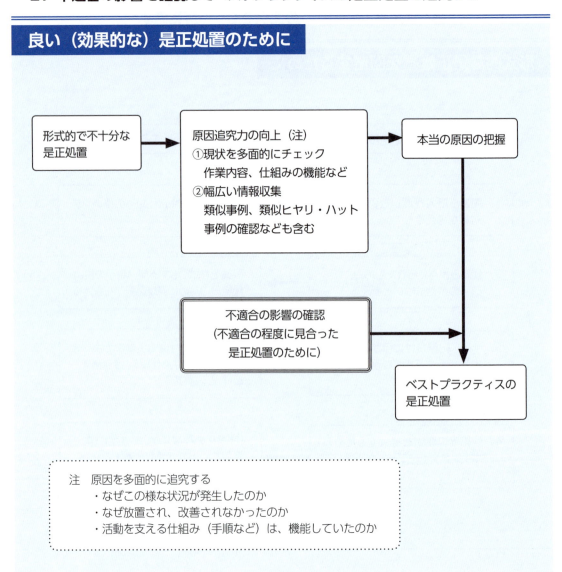

良い（効果的な）是正処置のために

注　原因を多面的に追究する
　・なぜこの様な状況が発生したのか
　・なぜ放置され、改善されなかったのか
　・活動を支える仕組み（手順など）は、機能していたのか

1（4）　形式的な不適合に対する良い是正処置の事例

　これまで述べたような考え方で幅広く情報を集めて、実際の原因を具体的に明らかにすれば、以下の例のように実践的で効果的な是正処置を策定することができます。

=Point=

1．丁寧に状況を把握して本当の原因を追究する
2．是正処置は影響を把握して、現場の状況に合った工夫を

1（1）の事例Aへの対処のステップ

1．事例Aの不適合と対応策
　①不適合　　××記録が作成されていない
　②是正処置　"すぐ作成する"、"失念しないようダブルチェックする"
　③効果確認　他の担当者で再発した

2．品質事務局が現場の状況を再確認した
　「記録を数日分まとめて記入していた。また他の職員も同じような記入漏れを行っていた」という事実を確認した。

3．記録の記入漏れの理由を確認した
　この記録は、これまで事後に使用したことはなく、各職員は形だけのものだと思っていたが、手順があるので、やむなく行っていた。

4．原因
　記録が殆ど活用されず、記録の作業が形式化していたこと。

5．影響
　記録の狙いを担当課長に確認した。その結果「当該記録は、以前はメンテナンス記録のために必要だった。しかしその後記録の対象設備の機能が向上し、データが自動的に取れるようになったので、現在は当該記録の必要性はほとんどなくなっていた。」との事だった。

6．新たな是正処置
　担当課長及び品質管理課と協議して、最新の設備では記録の廃止、一部旧型の設備では、記録の記入方法の簡素化を行った。

7．効果確認
　手順は簡素化され遵守され、管理工数も削減された。

2 幅広く現場の課題を発見する

2（1） 直接的に現場の課題を発見するために

　より幅広く現場の課題を発見するためには、形式的課題から仕組みの改善に取り組む他に、直接的に現場の課題を見つけることも効果的です。
　例えば、「現場にムリムダムラはあるか」、「活動や作業が効果的か」「仕組み（手順）が作業や活動をサポートしているか」などの視点でチェックします。
　このような指摘に内部監査員の業務経験を活用することは有効です。

=Point

1．手順遵守のチェックに加えて、様々な現場の課題を直接幅広く指摘
2．「活動や仕組みの有効性」や「様々なムリムダムラ」などをチェック

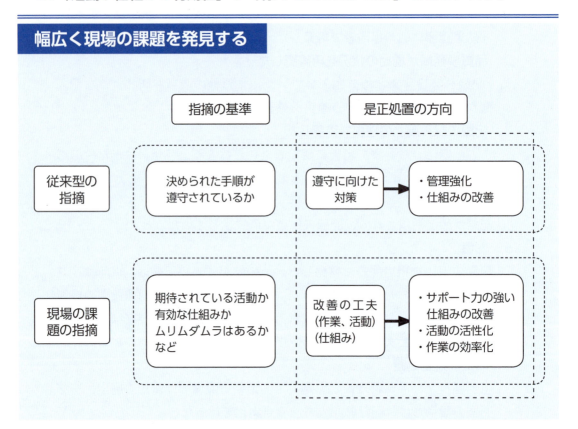

参考　具体的にどのようにして現場の課題を発見するかについては、「第5章　現場監査のポイント」参照

2（2）　見つける能力を高める"気づきの監査"

業務経験を踏まえ、監査員が何かおかしな所（イレギュラーな状態、ムリムダムラ、使われていない監視データ、仕組みはあるが活動が不安定　など）から監査を始めて、実際の現場の課題を把握します。

そして、把握した現場の課題について原因を現場と一緒に考えて、仕組みの改善を検討します。

=Point

1．監査員の業務経験や知識を活用した気づきの監査
2．作業や活動及び仕組みのムリムダムラの解消

気づきの監査

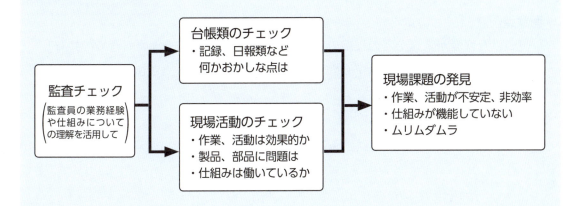

第二セクション　内部監査力強化の基本

① 現場の課題の指摘、改善の例

（部品購入先などの外部提供者評価の仕組みのケース）

1. 外部提供者評価記録と納入実績表（不良率、納期遵守など）を比較して、不整合な状況を見つけた（評価は高いが、納期遵守に問題があった）
   原因 ⇒ 外部提供者評価表が形式的チェックで、実際に活用されていなかった。
   改善 ⇒ 外部提供者のレベルアップにつながる評価方法に変更した。

2. 品質目標は「外部提供者との取引のレベルアップ」だが、外部提供者に対する改善指導はほとんどなされていなかった
   原因 ⇒ 品質目標が、各部署に具体的に展開されていなかった。
   改善 ⇒ 品質目標を達成するための、具体策を立案推進させた。
   　　　　 また品質目標を毎年各部署に確実に展開させる仕組みを作った。

留意点
　見つけた課題が業務上どの程度の重みを持つものかを被監査部署も含めて共有して、建設的に議論することが必要です。課題の重みが共有できれば、改善策も実践的で効果的になります。

2（3） 多面的に情報を集めて原因追究力を高める

　発見された現場の課題の原因追究力を高めるためには、幅広く情報を集めて状況を正確に把握することが必要です。

=Point

1．多面的に幅広く情報を集める
2．集めた情報をもとに、「なぜなぜ分析」（仮説検証）を粘り強く行う

原因追究力を高めるために

1．多面的に情報を集める

- ・作業内容の確認（効果的作業か、標準化は、作業は難しいか）

- ・作業状況（作業環境は、繁忙か）

- ・その他状況の確認（教育訓練の状況、ノウハウの共有など）

- ・担当者へのヒアリング（状況の確認）

- ・類似事例、類似ヒヤリ・ハット事例の収集

2．なぜなぜ分析

- ・幅広く情報を集める ⇒ なぜなぜ分析を深める

参考　原因追究が甘くなる陥りがちな誤り
　①表面的原因に惑わされて、状況の把握が甘くなる
　②課題の把握ミス（例　仕組みに起因する原因を見逃してヒューマンエラーとして対処）
　③先に解決策を考えて、それに合わせて原因を作り上げてしまう

第二セクション　内部監査力強化の基本

3　ヒューマンエラーへの取組み

　ヒューマンエラーの解消がなかなか進まない、との声が聞かれます。ここでは、ヒューマンエラーの解消に向けた幾つかの基本的なアプローチ方法について考えてみます。
　（なお、ISO 9001:2015 では、**8.5.1 製造及びサービス提供の管理 g）** で、「ヒューマンエラーを防止するための処置」について新たに要求しています）

3（1）　ヒューマンエラーに対する不十分な是正処置について

　以下の事例のようなヒューマンエラーの対処がよく見られますが、原因追究が表面的で不十分な是正処置と考えられます。

不十分な是正処置の事例

事例B

1　不適合
　組み立て工程で、A作業者が作業ミスをした。

2．原因
　A作業者のケアレスミス。

3　是正処置
　A作業者が同じミスをしないように、作業内容を良く理解させた。

4　効果確認
　一ヵ月後にA作業者が同じミスをしていないかをチェックしたが、その後は同じようなミスをしていなかった。

5　その後
　その後しばらくして、B作業者が類似の作業ミスをした。

　参考　ヒューマンエラー解消が上手くいかない幾つかの理由
　　①間違った人が悪いと決めつける
　　②力量のバラツキを管理するという発想が弱い
　　③対策を考えるときに、「活動、作業をサポートする仕組み」のチェックという目線が弱い
　　④原因追究のノウハウが少ない

3（2） ヒューマンエラー解消のアプローチ

　第一のアプローチは、まずヒューマンエラーが本当にその作業者だけの問題かどうかを見極めることが大事です。その為には参考となるデータを集める必要があります。具体的に言えば類似の事例、または類似のヒヤリ・ハット事例を確認して、ヒューマンエラーが傾向的な課題を示しているかどうかをチェックします。

　第二のアプローチは、標準化された手順などが確実に作業者に落としこまれているかを丁寧に確認して、隠れた課題を見つけるやり方です。

　第三のアプローチは、個々の状況について仕組みに起因する原因があるかどうかを一つ一つ丁寧に考えてチェックするやり方です。

=Point=

1．ヒューマンエラーが「本当に偶発的なのか」を確認
2．「活動や作業を支える仕組み」が十分に機能しているかをチェック

ヒューマンエラーへのアプローチ方法

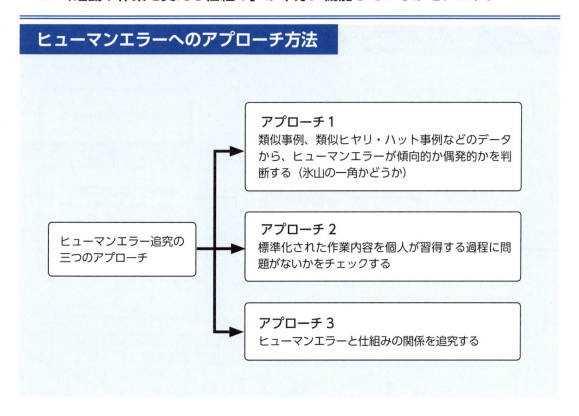

3（3） アプローチ1　データを集めて原因の追究を

① 氷山の一角かどうかの判断　（類似事例、類似ヒヤリ・ハット事例の収集）

本当の問題が何処にあるのかを把握するためには、まず類似事例、類似ヒヤリ・ハット事例の収集が必要です。もし類似事例や類似ヒヤリ・ハット事例があれば、傾向的な問題があると考えられ、背景に仕組みに起因する原因があることが予想されます。

② データから仮説検証を

幾つかの類似（ヒヤリ・ハット事例も含む）事例から、仕組みに起因する原因を追究するために仮説検証（なぜなぜ分析）を確実に行います。そのことで、背景となる原因が見えてきます。

=Point

1. ヒューマンエラーが「本当の課題」か、「原因を示すデータ」かを見極める
2. データを集めて「なぜなぜ分析」で原因追究

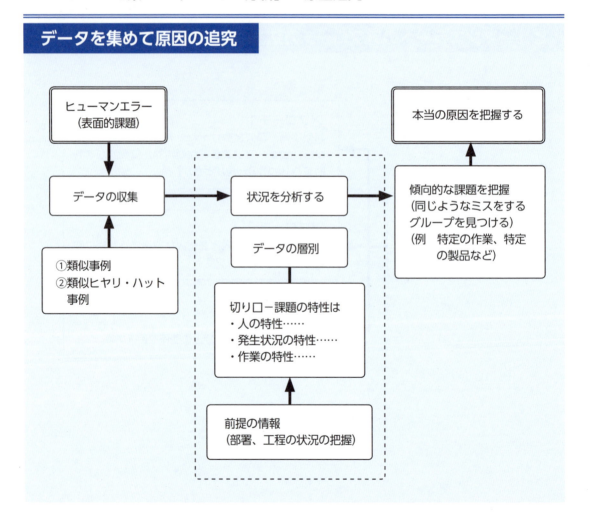

データを集めて原因の追究

③ 原因追究のステップ

　3（1）の「不十分な是正処置の事例」の状況から脱するために、以下のように原因を追究した。

1．事例Bの不適合と対応策
　①不適合　　Ａ作業者の作業ミス
　②是正処置　Ａ作業者の教育
　③効果確認　Ａ作業者の作業ミスはなくなった。しかしＢ作業者が同じような作業ミスをした。

2．品質事務局が現場の状況を再確認した
　現場で、同じ工程の十人に類似ヒヤリ・ハット事例をヒアリングしたところ、4、5人が「同じようなミスをしそうになった。」と答えた。残りは特にそのような経験はないとのことだった。

3．原因の追究
　Ａ作業者と同じようなミスをしそうになった4、5人のグループから共通の課題をなぜなぜ分析で追究した
　・発生時間、発生日、部品の種類、作業量、作業者の特性、使用工具　など
　・班の構成、作業の難易度、作業指示の仕方、手順書の使い方　など

4．原因
　特注品の最初の組み立て作業で、工具の使い方が異なり、作業が不安定になっていた。

5．影響
　今後同様な作業ミスが発生する恐れがある。

6．新たな是正処置
　当該作業の工具の使い方を統一した。また当該作業を容易に行えるように新たな治工具を導入した。

7．効果確認
　その後同工程での同様なミスは発生せず。また作業がやりやすくなり、ヒヤリ・ハット事例もなくなった。

参考　是正処置を定着させるために
　　是正処置の効果確認またはフォローアップの強化が大切です。改善のための是正処置は、実際に様々な活動をしている現場の中で実施することで、さらに追加的な工夫が必要になることもあります。現場でのヒアリングも含めた効果確認を丁寧に行うことが大切です。

3（4） アプローチ2　作業技能、手順の習得ステップをチェック

　もう一つのアプローチ方法として、「確実に手順、やり方を教えてもらっているか」を再確認するやり方があります。当然確実に行われているはずですが、実際には意外にルーズになっていることもあります。状況を丁寧にチェックし、隠れている課題を発見して解決していくことも有効な方法です。

=Point

1．手順がどこまで標準化されているか確認する
2．手順が実際に確実に伝えられているかを確認する

標準化と伝達のステップをチェック

以下のようなステップで順番に、「担当者に正しく伝わったか」、また「何故正しくできなかったのか」を丁寧にチェックして、不十分な点があれば改善します。

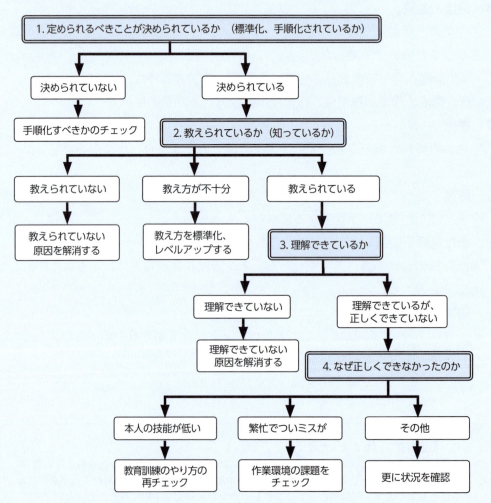

3（5） アプローチ3　ヒューマンエラーと仕組みの関係をきめ細かくチェック

　発生したヒューマンエラーのタイプから、仕組みに起因する原因を追究するアプローチもあります。

　様々な切り口が考えられますが、以下にひとつの例を示します。各組織の実態に合わせて、独自の切り口を工夫すると良いでしょう。

=Point

1．職場の実態に即して、仕組みに起因する原因の有無を追究する
2．作業をサポートする仕組みが機能しているかをチェックする

ミスと仕組みの関係をきめ細かくチェック

ミスと仕組みの関係の例

1．手順書がよく分からない
　⇒ 手順の使い勝手（記述が難しい、作業実態との乖離　など）

2．急に言われて焦った
　⇒ 部署間の連絡の仕組みが不十分
　　（特急仕事の伝達の仕組みがない、迅速な変更連絡の体制がない　など）

3．技能不足
　⇒ 人材の力量不足（必要な力量が不明確、教育訓練が不十分　など）

4．指示書などを良く読まない
　⇒ 手順遵守意識が弱い
　　（参画意識が弱い、基本動作が不十分、サポート力不足　など）

5．正しくできない
　⇒ 管理の仕組み不足
　　（作業の標準化の遅れ、作業改善の遅れ、教育訓練不足　など）

6．作業が不安定
　⇒ サポートする仕組みが弱い
　　（治工具不備、ポカヨケ不十分、朝会の情報共有の不足　など）

7．間違う
　⇒ 手順に課題がある
　　（使いにくい、判りにくい、記述が簡単で作業ノウハウが伝わらない、
　　細かすぎて覚えられない　など）

8．やらない、忘れる
　⇒ 管理の問題
　　（重要性と管理の程度がズレる。例えば軽微な作業に重たい管理作業　など）

第3章　監査力向上の基本ポイント

3　ヒューマンエラーへの取組み

4　記録チェックの基本

4（1）　何のために記録をチェックするのか

「記録の有無をチェックすること」だけが、記録チェックの目的ではありません。

「記録の対象の作業や活動などが確実に行われない理由」や「記録の記入作業のムリムダムラがあるのかどうか」をチェックし、問題がある場合は改善策を提案します。

また「記録を取った後に記録は活用されているか」にも着目します。

=Point

1．「記録の対象の作業や活動」などが確実に実施されたかの確認
2．記録の記入作業のムリムダムラもチェックする

記録チェックの目的

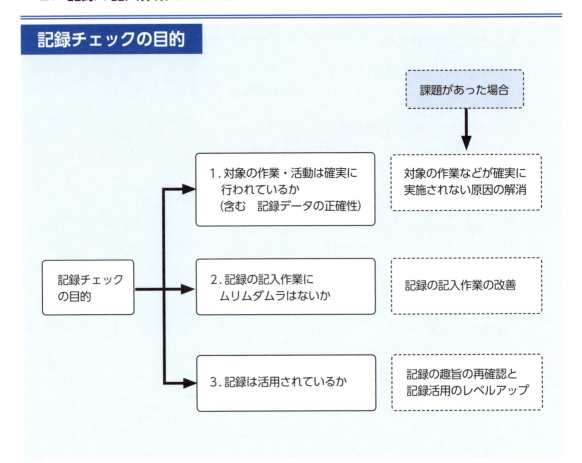

① 記録チェックの狙い

1. 記録チェックの目的

　記録の記入漏れがあった時に、「記録をすぐ記入して終わりにする」ケースが見られますが、それでは是正処置が不十分と考えられます。記録のチェックは、基本的には「記録の対象の作業などが正しく行われているか」「記録されたデータが正しいか」をチェックするために行います。

　記録の記入ミスがあれば、最初に「記録の対象の作業や物事がなぜ行われなかったのか」、または「なぜ不正確であったのか」をチェックします。

　記録の対象の「必要な作業やデータの確認」などが確実に実施されていれば、次に「なぜ記録の記入作業が行われなかったか」をチェックします。

2. 狙いの理解と改善の方向

　記録チェックとは、「重箱の隅をつつく」ことを意図しているわけではありません。

　むしろ「記録対象の作業、活動内容、又はデータの確認」が適切に行われているか、もしムリムダムラがあれば、その点をどのように解決するかを考えていくことがポイントです。丁寧に状況を判断して、それぞれが効果的な作業になるように、様々な視点での提案（作業の改善、帳票類の見直し、機械化の導入、記録活用の提案　など）を行います。

注　記録と活動について

　記録のチェックには、「記録対象の活動やデータが適切に行われていたか」及び「記録をつけるという記入作業が正しく行われたか」の二つが含まれます。つまり記録が無い、または不正確の原因は、以下のように幾つかのケースが考えられます。

　これらの点に留意して丁寧に状況を確認し、原因を追究した上で現場の改善に貢献する提案をしましょう。

記録の対象の「作業、データ」	記録の有無	備　　考
適切○	ある○	正常な活動
適切○	無い×	「実施されなかった記入作業」が是正処置の対象
○△	△	記録はあるが不正確なので、「対象データや活動」と「記入作業」を共にチェックする
行われない×	ある○	まれに発生します。現場での確認が大切です。
行われない×	無い×	「行われない」ことが是正処置の対象

4（2） 記録チェックの方法と改善ポイント

① 記録チェックの方法
　　記録チェックのステップとしては、①記録の確認　②記録の対象作業などのチェック　③記入作業の確認　などが考えられます。

② 指摘、改善のポイント
　　「記録の対象の活動」と「記録の記入作業」が共に確実に行われているか、そして「記録が活用されているか」の視点で、改善点を見つけます。

=Point

1．「記録の対象の活動」と「記録の記入作業」の両方をチェックする
2．記録の活用状況のチェックも行う

記録チェックと改善のポイント

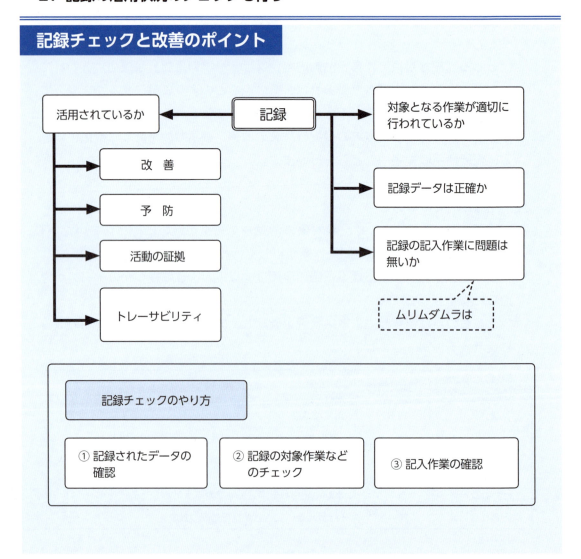

③ 記録チェックのキーワード

記録をチェックする時に、以下の５Ｗ２Ｈを押さえると課題が見つけやすくなります。

５Ｗ２Ｈ

Who	－	誰が記録することになっているのか
When	－	いつ記録することになっているか
Where	－	どのプロセス／部門／部署で
What	－	何について記録するのか（記録の対象の妥当性）
How	－	どうやって測るのか、記録するのか
Why	－	何のための記録か
How much	－	値(数値)は正確か、状態を適切に示しているか

④ 記録チェックの例

1. 記録の対象活動のチェック
- ・記録の対象活動が手順通り行われているかを見る
- ・５Ｗ２Ｈを確認して、記録活動が標準化されているかをチェックする
- ・データ確認作業が適切に行われているかを現場で確認する

2. 記録の記入作業のチェック
- ・定められた手順で記入されているかを見る（担当者、タイミング　など）
- ・データが正しく記入されているかを現場で確認する

3. 記録データの活用のチェック
- ・記録の活用状況を確認する
- ・現場で記録作成者に、記録の目的とデータの活用状況を確認する

参考１　記録から何を得るか
- ・活動の証拠を残す（活動の結果や実績を確認する。トレーサビリティ）
- ・平均値のみならず傾向を知る（分析）
- ・正常、異常を知る（評価）
- ・記録の管理として、保存期間／廃棄を含む活用可能な状態にあることを確認することも

参考２　以下のような視点でチェックすることも効果的
- ・記録の目的を再確認する（定点観測、トレーサビリティなど）
- ・系統的に記録を辿る（変動幅、傾向、連続性、不連続性を知る）
- ・複数の記録を照合して矛盾点を探す
- ・インタビューや観察などから記録活動を検証する

⑤ 記録の記入作業チェックの留意点例

－「記録の記入作業のムリムダムラ」のチェック
　ムリとは、「記入作業が負担になり記録が漏れたり正確性が欠けたりすること」などです。ムダとは、「作った記録が活用されないこと」などです。ムラとは、「記録することが忘れられたり、正確性が不十分だったりすること」などです。これらの確認のために記録現場でのチェックは大事です。
－以下のような問題があった場合は、それをキッカケに必要な改善策を考えます。
　・代理記録（誰かが代理でつけている記録）（Who が曖昧）
　・時間差記録（先付け、後付）（When が曖昧）
　・紛失記録（Why が曖昧だと重要な記録が捨てられる）
　・幽霊記録（記録はあるが対象が無い）（What が曖昧）
現場の隠れた負担の改善にもつながるので、原因をしっかりと追究して、現場の状況にあった改善を進めます。

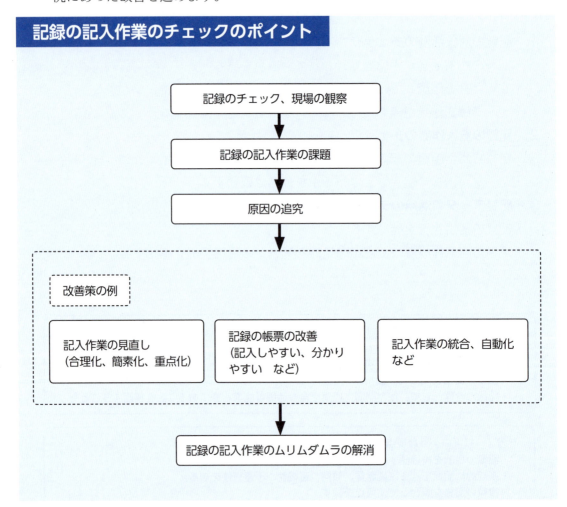

記録の記入作業のチェックのポイント

⑥ 改善例

事例 1 （記録の対象活動のチェック）

1．以下の内容の是正処置報告があった

- ・監査内容　製造部のハンダ工程 A 班の内部コミュニケーションのチェック
- ・手　順　　品質活動を向上させるため、隔月で品質活動報告を掲示板に掲示しその記録を残すこと
- ・不適合　　定められた品質活動報告掲示の記録がない
- ・原　因　　記入忘れ
- ・是正処置　掲示記録記入の厳守
- ・効果確認　しばらくして確認したところ同じ問題が再発

2．品質事務局の対応

事務局は、「問題再発は活動の実態を十分に確認しなかったことから、原因の追究が不十分になった」と考え、実際の活動を確認報告するように指示した。

3．判明した現場の状況

現場では、「担当班長の品質報告書に対する意識が低く、その掲示内容が不十分で形だけ掲示している」状況であった。その結果担当者もほとんど掲示を見ずに、当月の重点課題に対する取組みも弱かった。

4．本当の原因

担当班長の掲示目的の理解や品質活動に対する意識が不十分であったこと。

5．影響

掲載の記録漏れ自体は、ミスではあるが大きな影響はない。しかし不十分なコミュニケーション活動は、担当職員の品質意識を向上させず、班の品質活動を低迷させていた。

6．新たな是正処置

①担当班長に対して仕組みの理解を深める教育を行った。

（不十分な活動が品質活動を低迷させるなどの理解）

②より判りやすく課題や活動指針を示すような掲載内容改善の指導を行った。

7．効果確認

①是正処置の確認、②職員の理解度の確認、③ A 班の品質活動向上の確認を行い、A 班の品質活動への取組みが積極的になったことを確認した。

第二セクション　内部監査力強化の基本

事例2（記録の記入作業のチェック）

1. 課題

現場の「担当者が製品の重量を量り記録する作業」を確認したが、数値が正確に記録されていないことに気がついた。正確な記入作業に課題があることがわかった。

2. 原因

計測数が多く、記録用紙がやや離れて置いてあったので、二つ三つまとめて計測してメモ書きしたデータを記録用紙に記入していたため、転記ミスが発生していた。

3. 改善策

記録用紙を少し小さくして、作業現場に近い場所に置いた。

4. 効果

転記ミスが無くなり正確に記録されている。

事例3（記録データの活用のチェック）

1. 課題

製造部で工作機械の精度をチェックして記録し、管理職に毎月分析・報告して、二年後に書類を廃棄していた。保管された過去半年分の記録データを見ると、業務の閑散期に製品精度のバラツキが大きくなっていた。しかし、この状況に対して具体的な対応は特に取られていなかった。

管理職のヒアリングでは、「閑散期は繁忙期にできなかった治工具の補修や管理の見直し、不要品の廃棄など整理整頓の徹底、設備の修理などの作業が増え、日常の設備メンテナンスが少し不十分になっていた。」とのこと。閑散期の業務に課題があることがわかった。

2. 原因

日常的な業務分担が曖昧で、工作機械のメンテナンス作業が不十分になっていた。

3. 改善策

閑散期の設備メンテナンスの作業手順と担当者の明確化を行った。

監視データの活用のために、現在の監視データの趣旨を再確認して、監視の対象、監視のやり方などを見直した。

4. 効果

閑散期でも、設備の精度のばらつきは解消され不良率も低下した。

監視データの活用が促進された。

4（3） ISO9001:2015 年版の考え方について

① 文書化した情報

　ISO9001：2015 年版では、文書及び記録を含めて「文書化した情報」として統一的に管理や活用が考えられています。

　そして「文書化した情報」は、「必要なときに、必要なところで、入手可能かつ利用に適した状態」にあることが必要です。つまり実際に現場で使いやすい状態になっていることが大切です。

　またそれらの管理に当たっても、「アクセスや検索」を前提に「読みやすさ」が保たれることが期待されます。

　（**7.5 文書化した情報**　参照）

② 現場の記録活動について

　－記録のチェック

　「監視測定の対象が適切（過不足がない）か」、「品質や作業の安定性、有効性の向上や、リスク管理面で貢献しているか」をチェックします。

　少し俯瞰的にみれば、様々な活動が適切に監視、測定、分析及び評価されることが、　現場にとっての継続的改善や現場力の強化につながります。

　（**9.1 監視、測定、分析及び評価**　参照）

　－記録の目的

　例えば、「活動の証拠」「トレーサビリティのためのデータ」「リスク管理のためのデータ」「必要な改善活動を行うための基礎データ」などが考えられます。

　それぞれの記録の目的を再確認して、その目的のために記録が十分活用されているかもチェックします。

　記録の活用状況が不十分であれば、その原因を解明し活用するための工夫（記録をしないことも含め）を考えます。

5 文書（手順書など）チェックの基本

5（1） 何のために文書をチェックするのか

　文書のチェックは、定められた文書の有無や新旧版のチェックだけでは十分とは言えません。

　「文書が現場で役立っているのか」「大事な作業のノウハウが確実に共有されているか」を確認することが大事です。そのようなチェックによって、より現場での作業に貢献できる文書や仕組みを作ることができます。

　（なお ISO9001:2015 年版では、文書類も「文書化した情報」と定義されていますが、ここではわかり易く理解して頂く為に、文書と表記します）

=Point=

1．文書が現場で役立っているかの視点で文書チェック
2．現場の作業状況を踏まえて、改善や工夫を積み重ねる

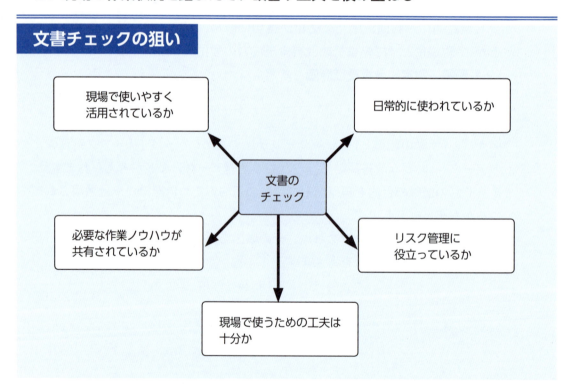

文書チェックの狙い

参考　よく見られる文書改善が必要な状況
　①手順書などが作業変更などによって実作業とギャップがある
　②必要な作業ノウハウが十分に表現されていない
　③作業者の経験不足などから手順書などの理解が浅くなり活用できていない

5（2）　文書のチェック及び改善のポイント

① チェックのポイント

1. 文書（手順書、マニュアルなど）チェックのポイント
「文書が最新版か、他の文書と整合性があるか」なども基礎チェックとして必要ですが、現場の様々な文書が、現場作業や活動に役立っているかのチェックが一番大事なポイントです。

2. 具体的なチェックのアプローチ

a　文書の直接チェック
・最新文書内容のチェック
「文書内容と実際の作業や活動とのギャップの有無のチェック」
「文書間の不整合のチェック」

b　現場の観察
・活用状況のチェック
「使われている、いない」「他の基準がある、ない」など
「作業する人によって、使い方が異なる」など
・使いやすさのチェック：各担当者（技能水準別など）にヒアリング
「必要な人に理解されているか」「役立っているか」「不満はないか」など

c　課題からスタート
・現場の課題（例　作業ミス、管理されていない製品　など）から、なぜ文書類がうまくサポートできなかったかの原因を追究する。

3. チェックの例
・正しい内容か（内容に誤りはないか）
・実際の現場の担当者にとって便利で判りやすいか（実際に使われているか）
・効果的で簡素な管理方法や必要事項が記載されているか（作業者のレベルに合うか）
・作業の効率化、安定化に貢献できているか（ミス、不良は発生していないか）
・担当者の理解力に相応のものか（必要としている人にとって分かりやすいか）
・作業のバラツキの回避に役立っているか（必要なノウハウの共有はできているか）
・リスク管理に貢献しているか（ミスを未然に防いでいるか）
・手順書がなくても運用できるのか（管理面のベストプラクティスは）
・作業方法の変更に手順書が追従しているか（文書管理は適切か）

このように多面的にチェックすれば、確実に課題が浮かび上がり、現場作業や活動の安定と効率化に貢献する改善点がみつかります。

② 改善の工夫、ポイント

1. 改善のためのポイント

　まず文書だけを見るのではなく、文書と実際の作業や活動との関係（役立っているか、ノウハウが共有されているか　など）を確認して、必要な改善点を考えることが大事です。

　即ち、文書類が現場の作業に貢献するために、例えば
・標準化して共有すべき必要な作業ノウハウが何かをもう一度確認する
・共有のツールとして、「文書、グラフ、図式、絵、写真、など」を活用する
・作業上、使いやすい、見やすいなどの工夫をする
などの視点を踏まえて必要な改善点を見つけます。

　そのためには、誰にとって（どのようなレベルの人に）必要な文書なのかの再確認や、標準化された手順書などが柔軟に変更できるような工夫も大事になります。

2. 文書類の改善例
a.　使われていない手順書は廃止を提案する
b.　使いづらい手順書は表現方法や書き方の変更を検討する
c.　標準化が必要な作業で手順書がない場合は、手順書の作成を提案する
d.　手順書の体系が複雑で理解しにくい場合は体系の変更を検討する
e.　文書にこだわらず、写真や図表の活用などの工夫を行う

5（3） 使われない、守られない「手順、マニュアル」への対策

　文書を活用すれば、作業や活動のノウハウを共有して、作業や活動がより安定します。
　内部監査で、「使われていない、または守られていない手順書」などを見つけたら、もう一歩進めて、「何故守られないのか、または使われないのか」を確認することが大切です。そのことで有効な是正処置を行うための情報が得られます。
　文書類が上手に使われていない状況は、現場に何らかの原因があるとも考えられます。
　「使われない、守られない理由（手順書などと実際の活動とのズレ、作業者の力量の変化、文書類の使い勝手の悪さ　など）」を幅広く確認して、現実的な対策を考えることが必要です。

Point
1. 手順書などの標準化文書が「使われない、守られない理由」の確認
2. 現場に役立つ文書にするための工夫

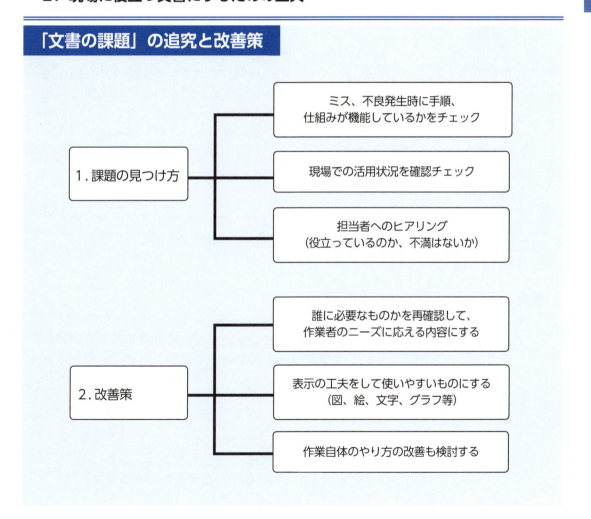

「文書の課題」の追究と改善策

① 改善例

事例1
1．課題
作業の手順書は、ほぼ網羅する形で作られていたが、現場からは「数が多く管理が大変で、また必ずしも使われていないものがある」との意見があった。手順書の数に課題があることがわかった。
2．原因
手順書が多すぎる
3．改善策
作業内容をその困難さのランクで3区分し、比較的作業内容が容易なランク1、2は手順書の使用を義務づけず、作業レベルが高いランク3は技術的ノウハウを明確に記述するものとした。（ランク1,2の作業内容は作業手順書として現場に保管し、必要な場合はすぐに使えるようにした）

事例2
1．課題
現場に行ってみると作業手順書が職場の端に積み重なっていた。
担当者のヒアリングでは、「ベテランの人は頭に入っているので使わない。比較的経験の浅い人は、作業手順書は分かりづらく、細かいことは先輩に教えてもらいながら進めているが、人によって親切な人とそうでない人がいて苦労する。」とのこと。手順書の利用方法に課題があることがわかった。
2．原因
手順書が分かりづらい
3．改善策
作業手順書が経験の浅い人にも活用しやすいように、ベテランの人の協力を得て、作業の基礎的技術について図解したものを取り入れた。

事例3
1．課題
経験の豊富な人は作業手順書があるにもにも関わらず、自分たちのやりやすいやり方で作業を進めていて手順書が守られない。手順書の遵守に課題があることがわかった。
2．原因
細かい職人的作業が手順書に書かれてない。
3．改善策
①現在の職人的作業のノウハウを極力手順書に取り込むようにした
②ノウハウを極力分かりやすくするため、絵や写真を入れるよう工夫した

5（4） ISO9001：2015 年版の考え方について

① 作業ノウハウの共有

　　職場の円滑な運営のためには、生産技術や作業ノウハウなどが確実に共有されて、誰もが使えるようになっている事が必要です。さらに経験（うまくいった例や失敗例など）によって蓄積されたノウハウを共有し、一歩一歩レベルアップすることも大切です。

（7.1.6 組織の知識　7.5 文書化した情報　参照）

② 文書への期待

　　有効な活動のためには、手順書や記録などの文書化した情報の活用が大切です。
「文書がそれを使う人々のために役立っているか」「文書が期待された機能を発揮しているか」をチェックし、不十分であれば見直し、改善をすることが、現場に大切なことになります。

　　なお当然ながら、「文書化した情報」の程度や必要な範囲は、各組織によって異なります。（**7.5.1 一般　7.5.2 作成及び更新**　参照）

③ 文書チェックの基本

　　「文書が内容的に正しいか（例えば　最新版か、他の文書との整合性はとれているか　など）、実作業と乖離がないか」などをチェックすることは基本です。

　　さらに文書が職場で誰もが①必要としたときに、②必要なところで、③利用に適した状態（見つけやすい、取り出しやすい、見やすい、しまいやすい　など）であることが実務上も大事です。（**7.5.3 文書化した情報の管理**　参照）

　　また文書類が、何のために作成され、十分に機能を発揮しているかを現場で再確認して、必要な見直しを行います。

④ 使いやすさの工夫

　　使いやすさの観点から、今の文書の記述に工夫できる余地はないかを検討することも良いことです。

　　（例えば　図、表や写真などを使うとより分かりやすくなるか、紙ベースでなく電子化するメリットはあるか　など）

（7.5.3 文書化した情報の管理　参照）

⑤ 情報の共有と現場の活性化

　　文書は、「生産技術や作業技術、管理ノウハウ」などを共有するツールであり、これを上手に活用すれば、現場の品質活動が向上するので、具体的かつ丁寧に見直して、改善することが期待されます。（**7.1.6 組織の知識　7.5 文書化した情報**　参照）

第二セクション　内部監査力強化の基本

6　不適合の影響を把握してベストプラクティスの対策を

　不適合（課題）の影響（実際にどのような問題が生じているのか）を確認することで、より現場に馴染む最適な是正処置を検討することができます。
　影響の確認が疎かだと、是正処置が重すぎたり軽すぎたりして、活動や作業実態にそぐわない恐れがあります。

═Point═

1．不適合の影響の確認を行って現場に最適の対策を
2．改善策は現場で使いやすい合理的な工夫を

影響の確認ステップ

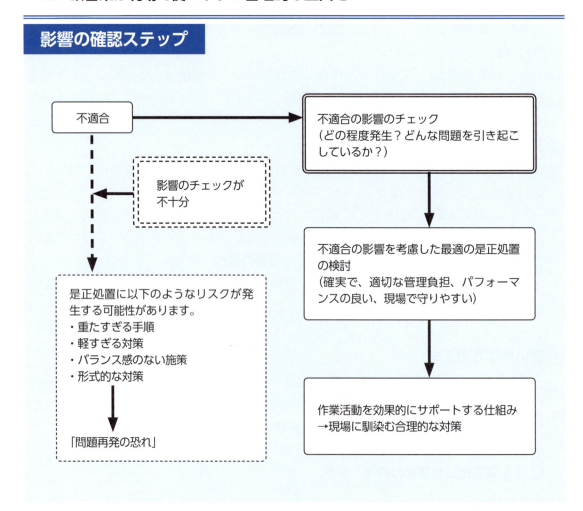

参考　影響チェックの留意点
　①影響をチェックする過程で、本当の原因が浮かび上がることもある
　②不適合の影響が小さい場合であっても、仕組みに問題がある可能性も考えられる

① 影響の確認が不十分な是正処置の事例

1．不適合
多色刷りのプラスチック製品の出荷時の外観検査については、指定された色味基準表で確認するよう定められていた。しかし現場では色味基準表を確認せずに目視チェックだけが行われていた。

2．原因
手順の遵守意識が薄い。

3．是正処置
指定された色味基準表を必ず使用する旨朝会で徹底した。

4．効果確認
一週間後にチェックした時は、概ね色味基準表を使用していたが、一ヶ月後に念のため再チェックした時には、また元に戻り色味基準表が使われていなかった。

以下に、上記不適合の状況を踏まえて、影響のチェックを行った二つのケースを示します。

② 影響のチェックの例

ケース1（影響大）　　時々顧客からクレームや疑問が幾つか出ていた。
ケース2（影響僅少）　　顧客からクレームなどは一切なかった

ケース1　影響大の是正処置の例

1．影　　　響　顧客からのクレームが幾つか出ていた。
2．原　　　因　色味基準表は検査の確実性を高めていた。また担当者の手順遵守意識が低いことが色味基準表が使われない原因であった。
3．是正処置　①手順遵守の理解教育　②管理職による定期的な確認を行い、色味基準表を使用せずに外観検査を実施した製品は出荷させないこととした。
4．効果確認　是正処置の実施と作業担当者の手順遵守を確認した。その後クレームはほとんど発生しなくなった。

ケース2　影響僅少の是正処置の例

1．影　　　響　顧客からのクレームなどは発生していない
2．原　　　因　色味基準表が子細すぎて、実際には通常の目視で十分であった。
3．是正処置　手元で確認する色味基準表を廃止して、必要な時に色味基準表を現場で確認出来るようにした。
4．効果確認　不良品の検査チェックは機能していた。顧客からのクレームは発生していない。

第二セクション　内部監査力強化の基本

　このように影響をチェックする場合としない場合では、是正処置は大きく異なることがあります。また影響を把握することで、管理面の負担と期待される改善効果をより良くバランスさせる効果的な提案が可能になります。

③ 解説　改善のポイント

1. このアプローチの狙い

　是正処置は、「問題を再発させないための確実な対策」であると同時に「不適合の影響に見合う最適なやり方」でなければなりません。

　影響のチェックが不十分だと、是正処置が「課題に対して重すぎる仕組み」「課題に対して軽すぎて十分に機能しない仕組み」、さらには「問題を再発させる恐れのある対策」になる可能性があります。

　つまり影響（発生頻度やミス、不具合などによる損失）を把握することで、必要な是正処置の程度や範囲が明確になり、効果的な対策を決めることが出来ます。

　また影響をチェックする過程で、活動や仕組みの課題（手順が機能していない、活動が効果的でない　など）が浮かび上がることもあります。

2. チェックのポイント

　課題の発生頻度などの量的な問題（たまたまか、頻発しているか、類似事例は、類似ヒヤリ・ハット事例は　など）と、その課題が引き起こした実際の影響（大きな損害、軽微、ほとんどマイナスの影響がなかった　など）の両面から影響を判断し、最も効果的な対策を採用します。その他に「仕組み（手順）の狙いから見てどのような影響があったのか」の視点からのチェックもあります。

3. 改善のポイント

　このように、確実に影響を把握すれば、改善のための是正処置の方向は明確になり、幾つかの是正処置の案が思い浮かぶはずです。その中から、現場に最も馴染む効果的な対策について議論を深めて、最適の是正処置を決めます。

　なお課題の把握が仮に間違っていると、当然「影響の把握」もミスリードされ、是正処置が不十分になります。ですから事後の効果確認で、課題の把握ミスがないかのチェックも大事になります。

　影響のチェックに不慣れな方々に対しては、「影響をチェックすることで効果的な改善事例となったケース」を学習することが効果的です。

　そしてひとつ一つ丁寧に影響のチェックを行うことで、現場にとって最適の是正処置を考える良い職場風土が作られていきます。

第4章　質問の仕方、狙い

1　質問の基本

　現場の活動の「様々な課題やその原因」を把握するためには、現場の観察や文書類のチェックに加えて、現場での質問が大切です。また監査員の業務経験に裏付けされた質問は、幅広く現場の課題を見つけるために効果があります。

=Point

1．状況の確認をしつつ課題の把握や原因の追究を
2．活動のパフォーマンス向上や仕組みの機能発揮の視点を忘れずに

質問の基本

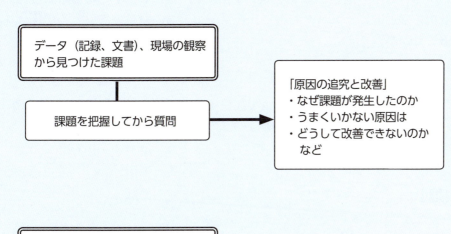

第二セクション　内部監査力強化の基本

① 効果的な質問のために

1. 改善指向で
まず、改善指向の内部監査の考え方が浸透していることが大事です。つまり「あら捜しをしている」というような誤解を生じないように、被監査部署と一緒に改善効果を期待する姿勢が基本です。

また「定められたことが行われたかどうかの確認だけの質問」で閉じてしまうのではなく、なるべくオープンクェスチョン（例　○○はどうなっていますか　など）で具体的に現場の抱えている課題を探す姿勢が期待されます。

2. 課題への質問と改善
発見した課題に対しては、「なぜ起こったのか」「その結果どうなったのか」「定められた手順はなぜ守られなかったのか」などについて質問します。この質問は、相手を責めるのではなく、現場に役立つ仕組みに向けて改善するための情報を集めることを目的に行うものです。

なお「作業ミス、記録ミス、連絡忘れ」などのミスをヒューマンエラーとして考えると、本当の原因の追究が怠りがちになります。しかし、そこはもう一歩踏み込んで状況を多面的にチェックし、ヒューマンエラーの背景にある本当の原因を追究することが必要です。

3. 気づきの質問と改善
幅広く現場の作業や活動の実際の課題を発見するためには、「期待通りの活動か」「仕組みは役立っているか」「～の活動は○○の点から不十分ではないか」などの視点での質問も必要になります。

②改善策の検討

単に管理を強化する視点だけで物事を解決するのではなく、現場の活動や作業の効率化、合理化を図っていくという姿勢で、改善の可能性を追求することが大事です。

実践的な提案のためには、「作業や活動の状況の丁寧なチェック」「今までの良い改善例を知る」、また「改善策を実施するとどのような良いこと（作業の効率化、安定化、しやすい作業、効果的な管理　など）があるのかを明確にする」などの基本を押さえれば、現場の作業に役立つ提案ができます。

2　作業者、担当者への質問　～日頃感じる疑問点など

2（1）　作業手順の確認、責任、権限、製品知識、工程知識などの確認

現場の作業環境を改善するためにも、「手順が遵守されているか」「必要な知識を持っているか」などの質問を通じて、必要な改善点を見つけることが期待されます。
　その中で仕組みや作業のムリムダムラが見つかれば、必要な改善を行います。

=Point=

1．「仕組みや作業、活動」の現場の課題を確認する
2．作業をサポートする仕組みのチェック（含む　教育訓練のレベルアップ）

担当者への質問

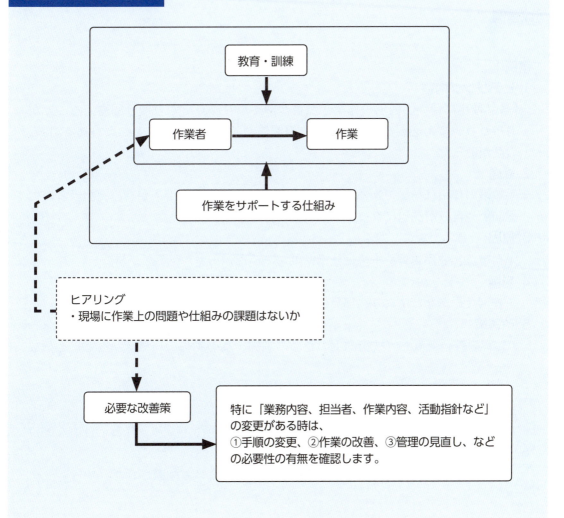

第二セクション　内部監査力強化の基本

① 質問の例

・手順書はどんな時に使いますか、役立っていますか
・ここの作業の難しい点はどこにありますか（どのように習得していますか）
・ベテランの方の作業ノウハウはどのように教えてもらっていますか
・記録を確実に付けていますか、記録は今の仕事にどのように役立っていますか
・必要な作業技術などは、どのように共有していますか
・作業に必要な知識にはどのようなものがありますか
・作業の手順書は役立っていますか（力量と手順の関係の質問）
・作業手順で難しいところ、やりにくいところはどのようなところですか
・難しい作業に対しては、どのように対応していますか
・習得したい技術、技能はなんですか
・手順や作業などで何か困っていることはありますか

②改善例

事例1
1. ヒアリング内容
　「多品種化に伴い、個別の作業手順書が多くなり、うっかり取り間違えることがあったり、また必要な作業ポイントの記述が欠けていたりすることもある。」との話があった。
2. 課題
　手順書の体系は精緻であるが、一方業務繁忙や新規設備導入が進み、担当者の力量向上や育成が課題になっていることがわかった。
3. 原因
　手順書などで作業者を十分にサポートしていなかった。
4. 影響
　不安定な作業などにより、部品の手直しが増え、実質の工数が増えていた。
5. 改善策
　・教育訓練の見直し（技術向上のための訓練、基礎動作の再確認　など）を行った
　・手順書を見直した（作業ポイントの明示と記述）
　・手順書などに使いやすさの工夫をした
　（判りやすく識別、検索しやすくする工夫（管理場所、色、ファイルの仕方など））
6. 効果
　きめ細かい施策により作業技能が安定して、ポカミスも削減された。

事例2

1. ヒアリング内容

　最近設備点検の担当となった新任の作業者から、「ベテラン職員の細かいノウハウがうまく引き継がれていない。」という話があった。

2. 課題

　当該設備の点検作業は、手順書に点検の作業内容は記載されているが「バルブのチェックポイントや、設備機械ごとの潤滑油の適量チェック」などに関する具体的な内容は記載されていなかった。そのためベテランに聞きながら作業を行っていた。設備の微調整のノウハウや勘所の習得にはある程度の経験が必要だが、人によって少しやり方が異なっていた。手順書の精度に課題があることがわかった。

3. 原因

　ベテランが持っている設備管理のノウハウが十分に標準化されず、また共有も不十分であった。

4. 影響

　新任者をベテランがサポートしていたが、習熟の遅れなどから実質的な点検工数が増えていた。

5. 改善策

　点検のノウハウを標準化し共有するために、設備の状況に対応した細かい注意点について、図解も多用した手順書を作成した。

　ベテランの協力を得て新任担当者の OJT の教育用資料を作成した。

6. 効果

　教育訓練と点検作業の標準化によって若手担当者の技能が向上し、点検作業も安定した。

2（2） 異常時の対応は適切か

管理者の気がつかない日常作業の隠れた不具合や異常の有無の確認は大切です。
　また異常（設備故障、破損、停電、供給品不足　など）の「対応策が標準化されているか」「対応手順は実践的か」「手順を知っているか」「実践できるか」なども確認します。
　その中で問題があれば、異常時の対応策の標準化や改善、及びこれらの担当者への浸透などで、現場の活動の安定感を高めます。

Point

1．異常時の初動体制や手順は明確か
2．定められた対応手順は理解されているか、役立っているか

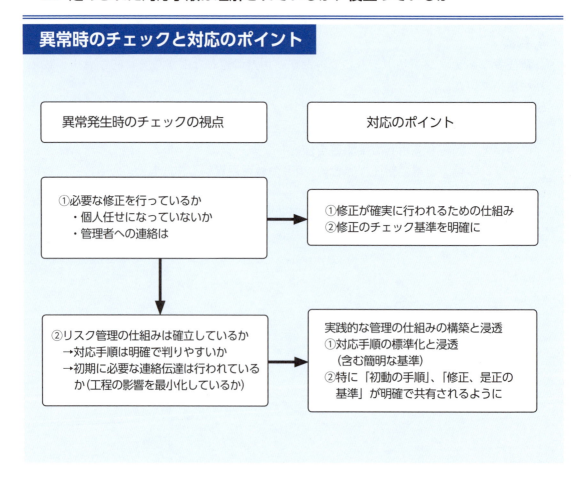

① 質問の例

- この工程ではどのような異常が多いか
  （設備異常、連絡ミス、材料の不具合、作業ミス、班内の連絡ミス　など）
- その場合どのように対応しているか（修正はどのように、是正はどのように）
- その対応のやり方は、どのように定められているか
- 対応の手順はどのように標準化されているのか
- 異常が発生したときに一番大変なのはどのようなことか
- 初動の対応の手順はどのように定められているか
- 停電、地震、火災、設備故障などの事態に対応する手順はあるか
  ⇒ 理解されているか、分かりやすいか、訓練は実施されているか

② 改善例

1. ヒアリング内容
Ｄラインの Ａ班の担当者より、「特注品の組み立てを行っているが、自分の作業中に落雷による一時的な電圧低下で、一部加工設備が影響を受けた。加工中の部品を自分がチェックして、特段問題が無いように考えられたので、そのまま後工程へ部品を送った。しかしその後製品出荷の段階での品質チェックで、当該部品が精度面で不良品と判定された。」との話を聞いた。

2. 課題
一時的な電圧低下時の対応に課題があることがわかった。

3. 原因
「一時的な電圧低下時の対応手順が不明確だったこと」「そのような状況での部品チェックのノウハウが確立されていなかったこと」が不良品発生の原因であった。

4. 影響
対応手順が標準化されていないので、今後も同様の不良が発生する恐れがある。

5. 改善策
一時的な電圧低下時の対応手順の明確化を行った。またその場合の製品の品質チェック内容を明確にして標準化した。

6. 効果
一時的な電圧低下に対する対応手順が確立できた。同様な状況での不良発生の可能性が低下した。

3　管理者への質問

3（1）　質問の基本

　現場の作業、活動は日々変化しています。円滑な作業のために、管理者が「日常的に確実に管理しているか、変動があった場合必要な対策を取っているか」を確認することが必要です。

　例えば記録・文書類のチェック、現場活動の確認、現場でのヒアリングなどの情報から、部署の課題や改善への取組み状況などについてヒアリングします。

　また「仕組みは現場作業を支えているか」「現場のデータが管理面で活用されているか」「部門間の連携に問題ないか」などの視点で課題を共有することも大事です。

= **Point**

1．管理者が現場の課題を把握して、問題解決に取り組んでいるかの確認
2．日常業務の PDCA が回っているかの確認

管理者への質問の基本1

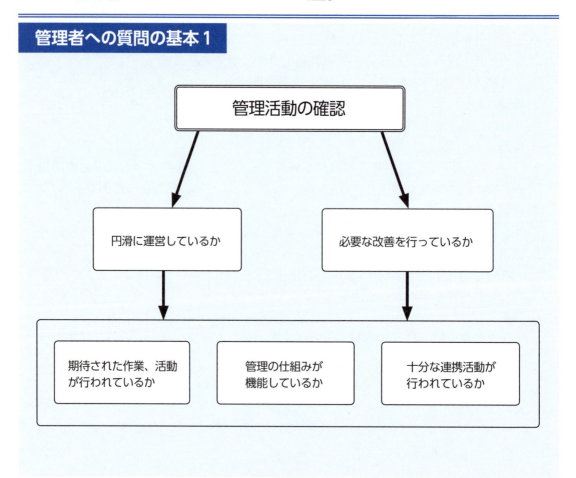

管理者への質問の基本2

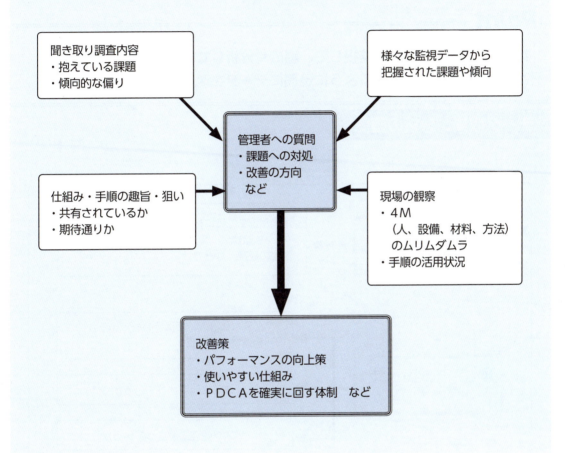

3（2）「監視測定やデータ収集分析」のヒアリング

　管理者が現場の「監視データや日報」などの情報を的確に把握して、迅速に対処しているかを確認します。
　「現場の不十分な点（例えば、現場の作業や活動の偏り、不安定さ　など）をすぐに直しているか」、また「良い点を維持しているか」などのチェックも効果的です。

=Point

1．データをきめ細かく監視して、幅広く分析しているか
2．現場の活動に貢献するように迅速にデータを活用しているか

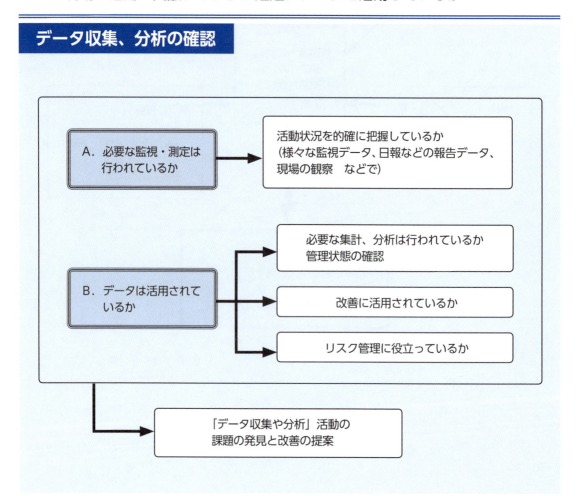

① 質問の例

- ・各種の管理データはどのように活用されているか
  （当初の期待通りに活用されているか）（業務管理上どのように役立っているか）
- ・○○の管理データから××が懸念されるが、どのような対応をとっているか
- ・管理、監視状況から見て作業や活動は期待通りか（違うならば原因と対策は）
- ・管理データ（含む現場の観察、日報）に変動があった場合の対応は迅速か

② 改善例

事例1

1. 確認された状況

A班で各種の記録、日報などを確認したところ、不良率や手直し比率は目標の範囲内ではあったが、高止まりしていた。また毎月月末の業務繁忙時に、製品の不良率や手直しの比率が高まる傾向で、半年ほど改善されていなかった。

2. ヒアリング内容と課題

A班の班長からのヒアリングでは、「不良率などは目標数値内であり、また業務繁忙により月末の繁忙時の具体的な対策を推進できなかった。」とのことであり、不良率に対する課題の認識があるが、取り組む時間がないことがわかった。

3. 原因

現場でさらに確認作業をした結果、製品の多様化に伴い、作業の効率化をサポートする治工具の種類の不足が不良の原因のひとつであることがわかった。また短期間での作業習熟の必要があったが、教育訓練が現場の人任せになって、訓練内容が不十分なケースもあった。

4. 影響

今後さらに多様化の進捗や製品サイクルの短縮化などが進むと考えられ、基礎的な品質の作りこみ技能をレベルアップしないと、品質面で不良や精度不足などが発生する恐れがある。

5. 改善策

多品種に対応する必要な治工具の種類を増やした。また教育訓練のやり方を標準化し、技能の底上げを図った。

6. 効果

上記を実施した効果で、月末繁忙時の不良や手直しの率が低下し、高止まりしていた不良率も低減した。

事例2

1. 確認された状況

　Bラインの C工程では、プレス作業によって作られる部品の精度チェックのために監視データを取っていた。不良品などの異常値が出たときの対応策は確立され実施していた。しかし異常値が出る直前の、時折見られる監視数値の乱れについては、そのデータを分析して異常値発生の防止策を検討することは行われていなかった。

2. ヒアリング内容と課題

　C班の班長から「当該データの乱れは、必ずしも異常の全ての予兆ではなく、それだけでは対策の検討が難しい。」との話があり、データ分析力に課題があることがわかった。

3. 原因

　予防的データの収集分析が弱く、対策が立てられていなかった。

4. 影響

　対象の部品は高価で、また製品組み立ての中心的な部品であり、不良などの異常の発生は、コスト増のほかに全体の日程計画を遅らせる影響も無視できない。

5. 改善策

　もう少し多面的に設備の監視を行う必要があり、過去の設備事故の例やベテランの話なども踏まえて、設備の監視を「オイル面、加工スピード、電気的数値」なども含めて行うこととした。

　その結果、不良の予兆監視データとして、「電気的な数値の乱れ」の監視が有効であることが判明した。以後は当該データを監視して、予兆的データが出た時は、設備の調整作業を行うことにした。

6. 効果

　設備装置の安定性が高まり、不良や異常の発生が削減された。

3（3） 工程間・部署間・プロセス間の連絡、協力について

　工程間や部署間の連絡の仕組みや活動が不十分だと、工程混乱の原因になったり、現場の作業負担の増加などにつながることがあります。
　連絡や協力体制が十分かを確認し、もし課題があれば対応策について話し合うことは効果的です。必要があれば、連絡や協力体制に現場できめ細かな工夫をすることで、活動はより安定的になります。

=Point=
1．現場で連絡や協力の問題が発生していないかの確認
2．イレギュラーな状況に対する円滑な連絡や協力体制への工夫

連絡、協力の確認

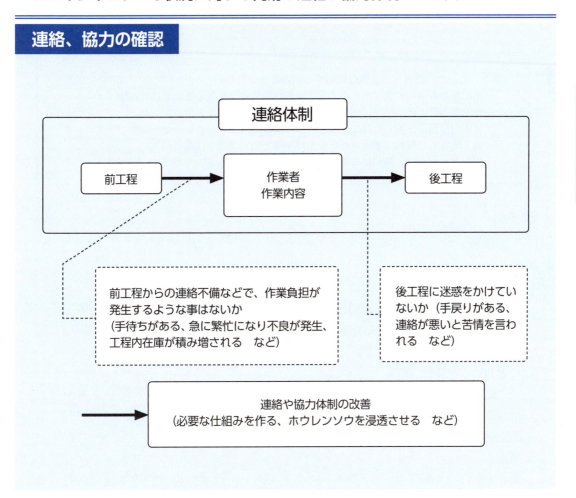

第二セクション　内部監査力強化の基本

① 質問の例

・部署間や工程間での連絡の不具合があった事例としてどのようなことがあるか
・ホウレンソウの活動は、どのように効果を上げているか
　⇒活動は浸透しているか、改善の余地は
・設計変更などに伴う必要な連絡や部署間の協議はどのように行われるのか
・いまの連絡の仕組みについて、何か工夫の余地があると思うか
・前後工程との変更管理の体制は活用されているか
・お客様の要求事項が急に変更された場合はどのようにするのか
　⇒方法は適切か、運用に問題は、効果を上げているか
・関連部門からの情報伝達はどのように行われるのか
　⇒迅速で正確か、安定しているか、機能的か

参考　上記の管理者への質問に関連する担当者への質問例
・前工程との部品の受け渡しの不備などで作業負担が発生したことはあるか
・前工程との連絡（材料、部品、情報など）について何か希望はあるか
・後工程に製品を流した時に、後工程から何か注文があったことがあるか
・前工程からの製品に添付された帳票が不備で困ったことはあるか
・担当者への連絡に課題はあるか（全員に上手く伝わっているか）

② 改善例

事例1
1. 確認された状況
　製造ラインのB工程では、多品種の組み立て作業を行っているが、特急仕事が入って、段取り替えなどによる作業量が急増し残業が発生した。また同時に製品の組み立て不良が増加し、後工程で待ち時間も発生した。
2. ヒアリング内容と課題
　B工程の責任者に事情を確認し、「ラインの責任者がたまたま不在で連絡が遅れてバタバタしてしまい、その後の"変更の管理"も不十分だった。」との話であり、責任者不在時の連絡体制に課題があることがわかった。
3. 原因
　ライン責任者不在の場合の連絡手順が不明確で、作業内容変更の連絡が遅れたこと、その後変更の管理（変更のレビューなど）が不十分であったこと。
4. 影響
　作業の負担増と組み立てミス及び後工程の待ち時間の発生

5. 改善策

ライン責任者不在時の連絡体制の手順化と一部曖昧だった変更連絡手順を明確化した。

工程の柔軟性向上のために「段取り替え時間の短縮の工夫」、「急な作業変更の場合の応援の可否の確認の手順化」を行った。

6. 効果

連絡遅れによる工程の混乱は発生しなくなり、B工程の作業が安定化して、ミス発生率も低下した。

事例2

1. 確認された状況

C工程では、設計部門や前工程との会議が多くなっていた。

2. ヒアリング内容と課題

C工程の管理者に確認したところ、「打合せは、製品の多品種化や受注生産の増加に伴う様々な仕様変更を共有し、工程での準備を円滑にするために行われている。しかし会議が多くて、現場の管理時間が不足気味になっている。」との話であり、会議の持ち方に課題があることがわかった。

3. 原因

仕様変更を共有するための効果的な情報交換の仕組みが確立されていない。

4. 影響

管理者の関係部署との打合せが多くなり、現場管理の時間が少なくなっている。

5. 改善策

・会議内容を精査して、打合せが必要なもの、文書で流すだけでよいものなどに区分して会議回数を減らした
・仕様変更に関して、これまでに生じた問題を収集分析し、それらの問題を再発させないことに焦点を当てた会議内容とした

6. 効果

打合せの回数や打合せ時間が削減された。

Section Three

第三セクション　内部監査の指摘力、及び是正力強化の実践編

　本セクションは、内部監査の実践編です。

　第5章「現場監査のポイント」では、現場での指摘や是正処置（改善案）について実践的に考えていきます。

　具体的には、「現場の管理状態のチェック」「現場作業のチェック」「製品のチェック」「部門別のチェック」の四つに分けて進めていきます。

　それぞれの項目について、

　① 　チェックの参考例
　② 　改善例
　③ 　解説　改善のポイント
　④ 　ISO9001:2015 年版対応
　⑤ 　改善のための様々なアプローチ
　⑥ 　様々な原因

などに分けて説明しているので、自社での取組みを考える時の参考としてください。

　第6章「課題発見力のレベルアップ」では、第5章で現場での指摘や是正処置（改善案）の実践例を学んだことを踏まえて、よりレベルアップした指摘のための3つのポイント「曖昧な活動基準のチェック」「期待された活動かのチェック」「多面的な事実確認」を示しています。

　それらのポイントを良く理解することによって業務改善に貢献する指摘力を高めることができます。

　さらに第7章「実践的に是正力（改善力）を高めるポイント」では、指摘事項に対する改善力を高めるための是正処置（改善案）への取組みについて、いくつかのアプローチを紹介しています。

第5章　現場監査のポイント

1　現場の管理状態のチェック　～効果的に課題を発見する

　内部監査で、手順や記録のチェックは基本ですが、さらに「実際に仕組みが活用され、期待された作業や活動が行われているか」をチェックすることが大切です。
　そのためには、「各種の管理データや日報、管理台帳などから日常的な活動状況」をチェックすることが効果的です。さらに「変更の管理が円滑に行われているか」「現場でのリスクの取組みは効果を上げているか」「ムリムダムラはないか」なども、チェックのポイントになります。
　また顕在化した現場の課題だけでなく、「何かおかしい」といった兆候についても、「背景に問題を抱えていないか」をチェックすることが必要です。

Point
1．現場の日常の管理活動（監視データ、日報などの報告書　など）をチェック
2．現場の実際の活動状況なども幅広く確認

現場の管理状態のチェック

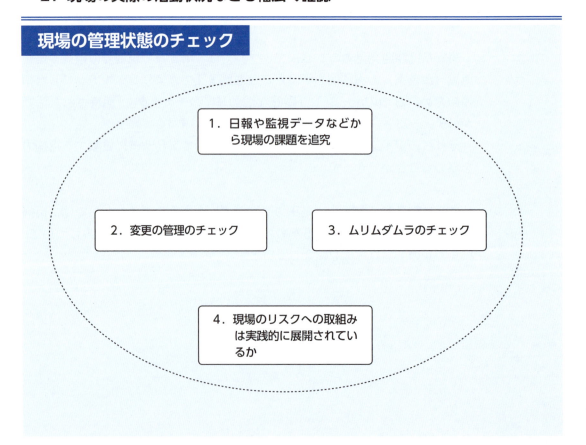

1（1） 現場の日報、管理表などで日常的な課題を発見する

　各種の台帳や日報などを確認して、「活動上の問題はないか」「管理は十分か」「仕組みは役に立っているか」「傾向的な問題はないか」などを確認します。

　課題を発見したら、より良い職場環境を目指して、現場で原因と改善についての議論を深めます。

　幅広く課題を発見するためには、直接的に発見された課題だけでなく、懸念される状況があれば、そこから表面化していない隠れた課題の有無も追究します。

=Point=

1．現場の課題を直接的に幅広く発見する
2．期待される活動、作業のためのベストプラクティスを追求する

管理台帳、日報類のチェックの流れ

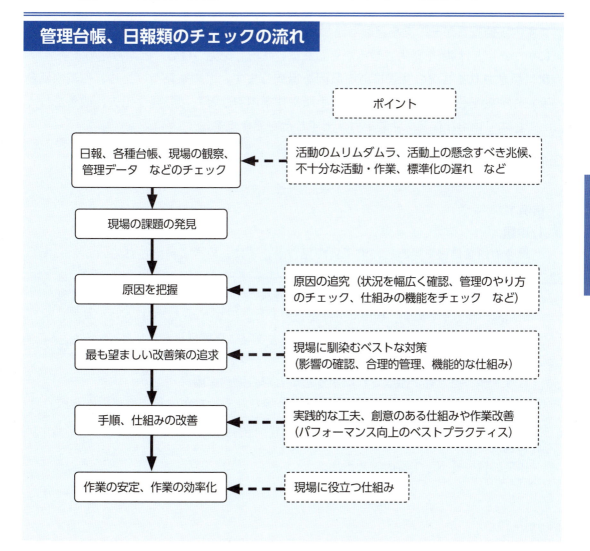

第三セクション　　内部監査の指摘力、及び是正力強化の実践編

① チェックの参考例

- ・作業日報に何か懸念されることがないか
  - － 作業ミスが増えている　不良が断続的に増減している
  - － 日報綴りを見ると修理に時間を取られている
  - － 管理者不在で、担当者が自分の判断で変更処理をしている
- ・設備管理台帳で何か気になる不具合はないか
  - － 設備管理で、日中のチョコ停が週初めに幾つか見られる
- ・備品、治工具の管理台帳のチッェク
  - － 治工具の急ぎの補給が、時々見られる
- ・前後工程の日報と該当工程の日報を突合してみる。
  - － 前工程との連絡不十分で、後工程で待ち時間が多い

まず内部監査員がその実務経験も踏まえて、「現場で発生している問題」や「実務的に気にかかる点」「問題を発生させるかもしれない状況」を見つけることから始めます。

次に懸念される状況の背景にある原因を追究します。原因を見つけたら、作業や活動の安定性や効率化のために、仕組み（手順や作業内容など）に必要な工夫、改善を行うことで、より円滑な作業や活動を引き出すことができます。

② 改善例

事例1

1. 課題

現場の作業日報を見ると、治工具が見つからずに、急きょ補給されているケースが幾つか見られた。

また治工具の管理台帳と治工具の現物が一致していないものが見られた。治工具の補給品が来るまでの間、代用品で作業しており、作業の質が低下したり、手直しが必要なものが幾つか発生していた。治工具の管理に課題があることがわかった。

2. 原因

管理手順が担当者に徹底されなかったことが表面的原因。

本当の原因は、「治工具は集中保管庫に管理されていたが、各作業現場から離れていたので集中保管庫に返却されにくいこと」であった。

3. 影響

作業の質の低下。実質の工数増加。

4. 改善策

各工程の作業特性に合わせて、集中保管を減らし、治工具を分散保管した。
また各担当者に仕組みを改善した趣旨を改めて周知徹底した。

5. 効果

仕組みが改善され、作業が安定した。

事例2

1. 課題

製品不良のクレームに対して、個別の製品の手直しだけで対応していた。そのためクレームが引き続き散発的に発生していた。

2. 原因

検査部門での検査内容を確認したところ、現状の検査基準が汎用品前提であり、一部の特注品の検査には不十分であったこと。

3. 影響

クレーム発生にともなうコスト増とCS（顧客満足）の低下

4. 改善策

過去のクレーム例などを参考にして、検査基準で特注品の場合の検査項目を増やした。

5. 効果

検査部門の検査が的確に行われ、不良品の外部流出が減少した。
なお作り込み技術のレベルアップのため、別途チームを作って対応策を検討中。

③ 解説　改善のポイント

1. チェックのポイント

現場の課題を発見するには、幾つかのアプローチがありますが、「現場の日報や管理台帳」などをチェックすると、日常的な活動の課題が比較的発見しやすくなります。また、多様な現場の課題を発見するためには、内部監査員が業務経験を生かして指摘することが効果的です。

2. 改善のポイント

指摘される物事が幅広くなるので、課題を見つけた場合は、内部監査チームで議論して本当に改善が必要なものについて、優先順位をつけて判断することが大切になります。

第三セクション　　内部監査の指摘力、及び是正力強化の実践編

また直接的な課題ではなくても、例えば「打ち合わせ時間が多い」などの懸念される状況を見つける時もあります。

その場合は、その懸念すべき状況の背後に、解決すべき課題（活動や仕組みの課題）があるか否かを確認します。もし隠れた課題があったならば、その原因を解消して改善を図ります。

④ ISO9001：2015年版対応　〜考え方を理解して業務改善に結び付けましょう

1. 関連する要求事項

システムの基本は、「活動を監視・測定し、分析及び評価して、必要な改善につなげて品質活動のパフォーマンスを向上させる」ことです。（**9 パフォーマンス評価**　参照）

現場においても常にパフォーマンスを意識して、品質活動（及びそれを支える仕組み）をチェックして、必要な改善を日常的に継続して行うことが肝要です。

2. 現場での活用の考え方

パフォーマンス評価とは、現場の活動とかけ離れたものではありません。

現場管理者が、「管理台帳、各種の日報、実務上の管理データ、職員の日頃の活動」などを日常的に監視して、現場の課題や懸念される状態を見つけ、必要な改善を確実に行うことが、現場でのパフォーマンス評価（測定された結果や数値化された状況を見て良否を判断し評価する）と改善です。

ややもすれば業務繁忙などを理由に、「現場の課題を見逃したり、解決の取組みが遅れたり、また懸念すべき状況が放置されること」があるので、現場の管理活動が期待通り実践されているかのチェックは大切です。

⑤ 改善のための様々なアプローチ

改善のアプローチには様々な切り口があります。以下にいくつかの例を示しますので、改善策を検討する時のヒントにしてください。

アプローチ例	内　　　容
1. ノウハウを共有する仕組みの強化	作業ポイントの図式化・写真活用、標準帳票の内容のレベルアップ、職員間のコミュニケーションの向上
2. ホウレンソウの仕組み作り	連絡手順の標準化、変更の管理でのきめ細かい変更連絡の工夫、異常時などの連絡のやり方を事前に決めておく
3. 各種標準書(手順書など)の見直し	力量のレベルやバラツキに対応した判りやすい手順書、作業ミスが発生しやすい箇所の標準化の強化、見やすさ使いやすさの追求、図・写真などの活用、業務内容の変更に迅速に対応できる仕組み
4. OJT のレベルアップ	OJT の標準化、OJT の効果の確認、確実な OJT の PDCA
5. 責任と権限の見直し	作業実態にあった責任と権限、形式的検印を避ける仕組み、権限体系の簡素化、権限の集中、権限の委譲、簡素な仕組み
6. 作業改善	作業のやり方の改善、作業のバラツキの改善、標準書のレベルアップ及び簡素化
7. 業務の進め方の改善	作業改善、連携の改善、管理の改善、計画の改善、監視の改善
8. 部署間、工程間の連絡の効率化	工程間のインプット / アウトプットの明確化、情報共有の強化、変更計画の共有
9. 効率的監視と是正、予防の仕組み	予防的監視の強化、データ分析のレベルアップ、分析結果の共有、日報の改善

第三セクション　　内部監査の指摘力、及び是正力強化の実践編

⑥ 様々な原因

　改善策の検討には、原因を確実に把握する事が大切です。以下に原因の例を示しますので、考える時のヒントにしてください。

原因の例	内　　　容
1. 作業標準化、ノウハウ共有の遅れ	・作業の細かい職人的ノウハウが指示書などで共有されない ・先輩の作業を見てまねているが作業内容がばらついている
2. 部門間、工程間の連携の弱さ	・何か変更があった時に前後工程への連絡が不十分 ・部門間のホウレンソウの決め事が不十分で時に混乱する
3. 教育訓練が不十分	・手順はあるが職場での実践力が弱い ・訓練方法が不十分で習得した内容にバラツキがある
4. 現場の日常的な監視、管理が弱い	・必要な監視がなされない ・発生した課題を業務繁忙などを理由に解決できない ・多様な管理がばらばらに動いている
5. 標準化内容と現場作業が乖離	・手順書などが作業変更に追いつかない ・定められた手順と必要とされる作業との間にギャップがある

1（2） 変更の管理がうまく行われているか

　変更の管理がうまくいかないことが様々なミスの原因の一つであることは良く知られています。ISO 9001：2015 においても変更の管理を重視しています。

　実践的に変更の管理が確立されれば、様々な変更による品質などへの悪影響の多くは解消できます。

　例えば、「顧客要求事項の変更、設計変更、工程・作業変更、受注変動などによる対応」などがうまくいかず、ムリムダムラが発生していないかをチェックします。

　また「品質などに悪影響を与える恐れのある変更」を強いられた場合は、その変更についてレビューをしているかのチェックをします。

=Point=

1．様々な変更についてのホウレンソウの仕組み作り
2．必要な場合に変更について事後のレビューが行われているか

変更の管理のチェック

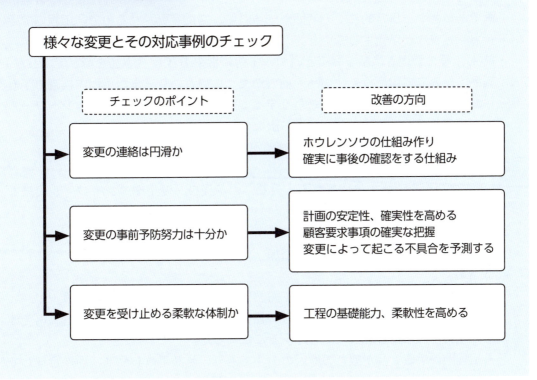

第三セクション　　内部監査の指摘力、及び是正力強化の実践編

① チェックの参考例

・様々な変更に伴う工程間の連絡はうまく行われているか
・特急仕事、緊急変更などの時に業務に混乱は生じていないか
・急な変更を行った時に、作業の遅れや、他の工程に負荷をかけていなかったか
・「急に作業変更を行った後に、それが品質などに悪影響を与えていなかったか」を後から確認しているか
・様々な変更の管理の仕組みが職員に理解され、浸透しているか。
・これまでの様々な変更管理のミスの事例を集めて、管理面での工夫の必要性を検討しているか
・４Ｍの変更が管理されているか
・顧客要求事項（納期、品質など）変更の連絡ミス、漏れのケースはあるか
・設計変更の情報が顧客に伝わっているか

② 改善例

1. 課題

　Ｂ工程では、前のＡ工程から１ロット 100 部品が１時間毎に流れてくる日程計画であったが、日常的にその時間が守られず、常に変更されるので、工程内で手待ちや残業などが発生していた。

　前Ａ工程の管理者に話を聞くと、「ロット毎に次のＢ工程へ製品を流しているが、製品の組み立てに使う外注部品の納入がたまに遅れたり、また工程内検査で手直しが必要になる製品が出て遅れたりすることがある。状況をうまくコントロールできず連絡が遅れ気味になって申し訳ない」との事だった。

　前工程であるＡ工程にいくつかの課題があることがわかった。

2. 原因

　「確実に変更を連絡する体制が不十分なこと」及び「変更をコントロール出来ないこと」が原因であった。

3. 影響

　手待ちや残業などによるコストの増加

4. 改善策

　Ａ、Ｂ両工程の管理者間の連絡を、毎日朝と昼に定期的に連絡する手順とした。外注部品管理をＡ工程の管理者だけに任せていたが不十分だったので、工場全体の外注管理の専任者を設けて管理することにした。

　Ａ工程内の手直し品が遅れの原因の一つであり、当該手直し品は、別に管理して受け渡すことにした。

5. 効果

A、B工程間の変更に関する情報が円滑に流れるようになった。遅延や変更の原因となる部品の管理や手直し品の管理が確立され、日常的な遅延が解消された。

③ 解説　改善のポイント

1. チェックのポイント

急な変更はバタバタしがちですが、冷静に進めているかの確認が必要です。
「製造及びサービス提供の管理」に関する管理すべき項目は多肢に渡ります。「顧客要求事項の変更や生産計画の変更」など分かりやすい変更の他に、「力量や設備機械の変化」など見えにくい変更についても、確実に変更の管理が行われているかチェックします。

2. 改善のポイント

日常的なホウレンソウをもう一度見直して、「変更が確実に伝わっているか、変更に対応できているか」をチェックして、必要な改善点を見つけます。
またあらかじめ「想定できる変更の場合の注意点・留意点（関係者への連絡の仕方、作業の進め方の変更）」などがまとめてあれば、間違いや混乱（例　工数増加など）を少なくすることができます。
なお変更の管理が不十分な事例を集めて、ノウハウを蓄積し変更の管理を確実にレベルアップすることも大事です。
一方で、度重なる変更をなくすためにも、変更を引き起こす原因（不十分な計画、顧客要求事項の把握が弱い　など）を取り除く対策を進めることも必要です。

④ ISO 9001：2015 年版対応　～考え方を理解して業務改善に結び付けましょう

1. 関連する要求事項

様々な状況の変化（例　仕様変更、設計変更、工程の変更、特急仕事、4M の変化など）に的確に対処するためには、これまでの経験などを踏まえて、起きるかもしれない状況を想定した「部署間の連絡体制やその管理の仕組み」の標準化が大切です。
そして起きてしまった変更に対しては、変更が品質などに悪影響を与える恐れがある時は、変更内容のレビューをすることが必要です。（**8.1 運用の計画及び管理　8.5.6 変更の管理**　参照）

第三セクション　　内部監査の指摘力、及び是正力強化の実践編

2. 現場での活用の考え方

「事前の対策（変更に関する連絡手順、作業手順などを整備しておく）」と「事後
のレビューによる確認と見直し」の両面から取り組むことが大切です。

さらに急な変更を生じさせないために、急な変更を生み出す原因の把握とその解
消を図る活動も必要です。

⑤ 改善のための様々なアプローチ

改善のアプローチには様々な切り口があります。以下にいくつかの例を示しますので、
改善策を検討するときのヒントにしてください。

アプローチ例	内　　容
1. 変更時に必要な手順の標準化	標準化されていないものを必要に応じて手順化、変更を管理する手順の浸透、管理をする責任者の明確化
2. 様々な変更を引き起こす原因への対策	生産計画策定の見直し、多品種のための柔軟な製造工程や多能工化、工程能力のレベルアップ（例－短期雇用の職員の加工技術のレベルアップによる工程能力の強化）
3. 変更管理のレビューの仕組みを確立する	様々な変更を管理し、変更のレビューを確実に行う基準や仕組みを作る
4. ホウレンソウの仕組み作り	日常的なホウレンソウのやり方を定型化する

⑥ 様々な原因

　改善策の検討には、原因を確実に把握する事が大切です。以下に原因の例を示しますので、考える時のヒントにしてください。

原因の例	内　　　　容
1. 変更に関する手順の標準化の遅れ	・様々な変更の手順が標準化されず、現場でその都度対応している
2. 変更の管理の運用力不足	・変更管理の手順は一応あるが、急な場合は使われず、作業の乱れや、他の部署・工程との連携に混乱が生じる
3. 生産管理面の課題	・生産計画が甘く日常的に変更が繰り返されている
4. 顧客とのコミュニケーション不足	・細かい顧客要求事項の把握ミス ・顧客要求事項を把握する手順があいまい
5. 計画の管理が不十分	・４Ｍが不安定で工程が乱れる ・細かい変更が様々に生じている ・変更された計画のレビューや、変更の影響を軽減する仕組みが働いていない

第三セクション　　内部監査の指摘力、及び是正力強化の実践編

1（3）　現場でのリスク及び機会への取組みは十分か

　多くの現場でリスクへの取組みは実践的に行われているので、リスクへの取組みをあまり難しく考える必要はありません。ISO 9001：2015 は、その活動を計画的に行い、確実にPDCAが回ることを要求しています。

　現場でのリスクの取組みとは、様々な計画を実現するために、「現場の様々な不確かさ」が何かを見極めて、その「不確かさの影響」を低減させる活動をすることです。（例えば、設備の稼働率を安定化させる・故障を防止する、力量を安定させる、納期を安定させる、計画や管理の確実性を高める　など）

　同時に、より積極的な意味合いでの「機会」への取組みも大切になります。

　また従来からの予防処置もこのリスクの取組みの考え方の中に含まれます。（つまり放っておくと、今後問題が生じるものに対しても今から対策を考える）

　なお、闇雲なリスクへの取組みは好ましくありません。「リスクや機会」の影響の大きさを踏まえて、効果的な取組みを行います。

=Point

1．現場の実際のリスク及び機会が正しく把握、管理されているかをチェック
2．リスク及び機会の影響を考慮した効果的な取組みかをチェック

リスク及び機会への取組みのチェック

① チェックの参考例

1．「リスクへの取組み」の仕組みのチェック

- 必要なリスクは共有され取組みが実施されているか
  - － 漏れはないか、監視は適切か、目標展開されているか
- リスクへの取組み策は適切で、管理されているか
  - － 影響を把握しているか、効果的なやり方か
- 機会は適切に決定されているか
  - － 漏れはないか、大切な機会は認識されているか、分析は十分か
- 機会への取組みの対策は適切か
  - － 影響を把握しているか、効果的なやり方か
- 予防処置の取組みは十分か、課題を共有しているか
  - － 今後の変動を見通して、今から対策を行っているか

2．リスクへの取組みの活動のチェック

- リスク管理のノウハウは共有されているか
  - － 手順化しているか、実践的で使いやすい仕組みか
- これまでの様々なミスや不良クレームに対する経験を生かしているか
- 取組みは効果を上げているか
- 活動の PDCA は回っているか

② 改善例

事例

1. 課題

　Ｄラインのｃ工程は、近年不良率の目標を達成しており、又ここ半年大きなミスや品質不良の部品は発生していなかった。管理者にヒアリングしても特段の問題はないとのことであった。

　一方現場の作業担当者から、「製品の多品種化が進み、使用する類似部品の数が数年前に比べて倍増している。その結果部品ごとの型番が複雑化して、取り違えのリスクが高まり、ヒヤリ・ハットが増えている。」「ミスをすると後が大変なので、段取り替えの時には、担当者間で自主的にダブルチェックをする工夫を行っていた。たまに取り違えるが、ダブルチェックでミスを回避している。」との話を聞いた。現場では、組み立て部品の取り違えリスクが増えて担当者の管理負担が増えているという課題があることがわかった。

2. 原因

　部品数の急増にともなう型番の複雑化と、取り違えを防ぐ工夫、対策が不十分なこと。また現場の課題の把握や監視が弱いこと。

3. 影響

今後ミスが発生する可能性が高まっている。

4. 改善策

取り違えミスを防止するために型番の整理を行った。また部品種類の増加に伴い、保管管理が複雑化していたので、部品保管をわかり易く行えるように改善した。さらに工程内で「多品種化に伴う作業内容の多様化、段取り替えの迅速化」に対処する検討チームを作り、対策の強化に取り組んだ。

5. 効果

取り違えミスのヒヤリ・ハットがほぼ解消され、管理負担も軽減された。

③ 解説　改善のポイント

1. チェックのポイント

a. 様々なリスクや機会

現場のリスクへの取組みの対象としては、

・作業リスク

作業の不安定性、仕組みの機能が発揮されない　など

・コミュニケーションリスク

ホウレンソウ、変更の管理、工程間の連携　などが不十分

・4Mの不安定化リスク

力量の不安定化・バラツキ、設備・治工具などの故障・不備、原材料・調達部品の品質などの不良、管理活動のPDCAが回らないなど様々なリスクがあります。

「ポカミス対策、分かりやすい指示書、バラツキを管理する確実な仕組み、工程間の連携」などもリスクへの取組みの視点からチェックできます。

b. 現場管理で把握されないリスクのチェック

管理レベルでは把握できないリスクが、作業者レベルで発生していないかのチェック（ヒアリングなどで）も必要です。例えば、業務環境の変化（加工技術の高度化、納期の短縮化、雇用の多様化、設備の老朽化、多品種化）から新たなリスク（必要な力量の変更、設備の故障リスク、管理の硬直化　など）が発生していないかを確認します。

c. チェックの流れ

第一に、リスクへの取組みの対象が「過不足なく、適切か」の確認を行います。これまでの様々な課題を確認し、現在リスクとして把握しているものに過不足がないか、そのうち取組みの対象としているものは適切か、をチェックします。第二に、取組みが効果を上げているかのチェックです。

「パフォーマンス面で効果を上げているか、潜在的影響を勘案した活動か、

リスクの監視が適切か」などの確認を行います。

第三に、予防処置的な活動が活性化しているかの確認も必要です。

第四に、機会への取組みが確実に展開されているかのチェックです。

２．改善のポイント

現場では、リスクへの取組みが日常的に行われています。まずは現場のリスク管理の全体（対象の項目、監視指標など）と個別のリスク管理活動（取組みの内容、効果）の両面から確認します。最初に現在の個別のリスク管理活動で改善すべき点があれば、現場の工夫や創意で活動を補強しレベルアップします。

さらに全体の枠組みで問題がある場合は、「リスク管理項目の追加、管理方法の強化、パフォーマンスの測定強化」などの視点から、リスク管理活動の枠組みを補強します。

なお、「リスクの程度、潜在的影響」などを十分に吟味して、最も効果的な対策を考えることが必要です。

④ ISO 9001：2015 年版対応　〜考え方を理解して業務改善に結び付けましょう

1. 関連する要求事項

品質マネジメントシステムの意図した結果をどのように達成するかを組織が検討するときに、組織の外部及び内部の課題を理解した上で、望ましい影響を増大させ、望ましくない影響を防止又は低減するために、リスク（不確かさの影響）への取組みを行うことが必要になります。

（0.3.3 リスクに基づく考え方　4.1 組織及びその状況の理解　4.2 利害関係者のニーズ及び期待の理解　6.1 リスク及び機会への取組み　附属書 A.4 リスクに基づく考え方　参照）

2. 現場での活用の考え方

「リスク及び機会への取組み」の考え方を踏まえて、実際のリスクへの取組みを整理し、必要なことは追加し、不十分な点は改善することが大事です。

リスクへの取組みには予防処置的な取組みも含まれます。将来的なリスクを考えて、今から対策を講じることも大事になります。（例えば　将来の技術革新を踏まえた力量教育の強化、将来の世代交代を踏まえた作業ノウハウの共有の仕組み作り　など）

また「リスクと機会」と規格で述べられているように、「機会」への積極的な取組みも大事になります。

「機会」とは、例えば「新たな慣行の採用、新たな技術の採用、無駄の削減、生産性の向上、新製品の発売」などに結びつくものとイメージできます。現場で、「機会」について、どのようなことができるのかを議論することは大事です。

第三セクション　　内部監査の指摘力、及び是正力強化の実践編

なおリスクへの取組みには、「リスクの回避、機会の追求のためのリスクを取ること、リスク源の除去、リスクの分担、十分な情報を得た上でのリスクの保持」など様々な活動が考えられます。現場に合う対策を検討することが大事です。(**6.1 リスク及び機会への取組み**　参照)

⑤ 改善のための様々なアプローチ

　改善のアプローチには様々な切り口があります。以下にいくつかの例を示しますので、改善策を検討するときのヒントにしてください。

アプローチ例	内　　　　容
1. リスクの確実な把握	これまでのデータの分析強化、原因系の監視の強化、業務環境の分析データの活用
2. 効果的なリスクへの取組み	標準化されていないものを必要に応じて手順化、管理をする責任者の明確化
3. リスクへの取組み計画の有効性の評価	リスクを客観的に把握する体制を作る、評価を含めて PDCA を確実に回す、パフォーマンスを組織として評価する
4. 機会への積極的な取組み	業務計画や業務指針などを踏まえた「機会」への取組みを目標化する
5. 予防処置活動の活性化	良い予防処置活動の事例の学習、将来の業務環境の変化に対する勉強会の開催

⑥ 様々な原因

改善策の検討には、原因を確実に把握する事が大切です。以下に原因の例を示しますので、考える時のヒントにしてください。

原因の例	内　　　容
1. リスクの把握が弱い	・これまでの様々な課題（含む不適合の事例）の分析が弱い ・活動の監視が不十分 ・計画面でリスクの取組み姿勢が弱い ・現場の隠れたリスクが発見できない
2. リスク低減への取組み策が不十分	・リスク課題の原因の追究力が不十分 ・4Mなどの管理ノウハウが弱い ・リスクの発生を防ぐ改善力が不十分
3. 予防処置的活動が不活発	・日常の業務繁忙に流されている ・中期的な活動指針などが不明確 ・職場の改善指向の風土が弱い ・組織の状況の把握が弱い ・組織の状況に関する情報が現場で不足
4. 機会への取組み不足	・日常の業務繁忙に流されている ・機会を見つけるのに慣れていない ・どのようにすべきか良くわからない

第三セクション　　内部監査の指摘力、及び是正力強化の実践編

1（4）　ムリムダムラは発生していないか

　　現場でのムリムダムラをチェックして、活動上の課題や原因を発見して改善（作業のレベルアップ、効果的管理など）を行えば、現場のパフォーマンスが直接的に向上します。

=Point

1．現場の多面的チェックから幅広くムリムダムラの発見を
2．ムリムダムラの解消を「活動の効率化、仕組みのレベルアップ」につなげる

ムリムダムラのチェック

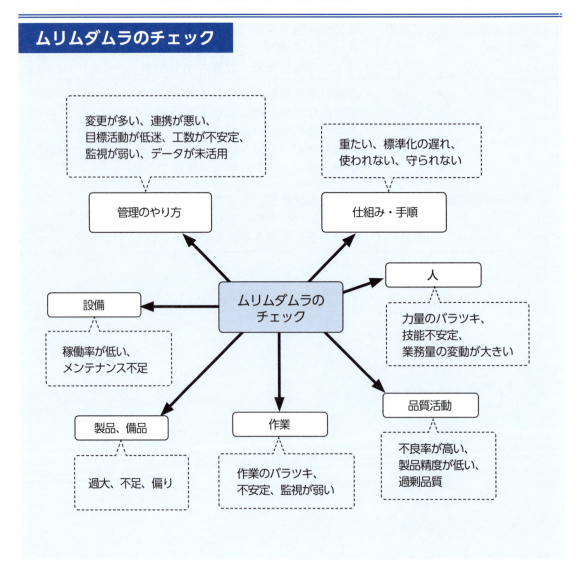

① チェックの参考例

ムリ
- 人、作業
  - 技能ミスが頻発、恒常的な残業、不自然な作業
- 製品、部品
  - 過剰品質、作業技能を上回る精度要求
- 管理
  - 特急仕事と工程の乱れ、工数計画が守られない、納期未達
  - 遵守されない手順書・指示書、使いにくい文書類

ムダ
- 人、作業
  - 手待ち時間の発生、動作のムダ、移動距離が長い、治工具を探すのに時間がかかる
- 製品、部品
  - 不良発生、修理品、在庫増
- 管理
  - 手順が実際の作業内容と異なる、活用されない記録、使われない手順

・ムラ
- 人、作業
  - ポカミス、作業標準化の遅れ、力量のバラツキ、繁忙期の応援体制が不十分、ベテランと初心者の混在
- 製品、部品
  - 製品ごとの不良率のバラツキ、精度のバラツキなど
- 管理
  - 季節の繁閑、様々な異常の発生、計画が甘く日常的に変更される不安定な連絡体制、チョコ停による稼働率低下、管理や作業標準化の遅れ

② 改善例

ムリの発見と改善の事例

1. 課題
B工程では、近年「工数の不安定化、手直し品の増加、後工程への受け渡しの遅れ」などが発生していた。

現場で確認したところ、「ベテランの退職、臨時作業者の増加、製品の多様化・多機能化」などにより、工程内での作業の安定性に課題があることがわかった。

第三セクション　内部監査の指摘力、及び是正力強化の実践編

2. 原因
製品の多様化・多機能化にともない技術水準のレベルアップが必要な一方、作業者の力量の低下（ベテランの退職、臨時作業者の増大）に対する教育訓練が不足していたことが原因であった。

3. 影響
コストの増加や生産計画の遅れなどにつながっていた。

4. 改善策
作業技術の高度化に対応する技術やノウハウを標準化（手順書、指示書など）して共有した。さらに技術伝承のためのOJTのやり方も現場中心に手順化した。

5. 効果
作業技術の習得が進み、作業工数が安定化した。手直し品も削減された。後工程への受け渡しの遅れもなくなった。

ムダの発見と改善の事例

1. 課題
多品種少量生産に対応するため生産ラインやレイアウトの変更を行った。しかし準備不足もあり、一部工程で、手待ちの発生、工程内仕掛品の増加などが発生した。熟練作業員の減少などもあり、目指していた多能工化が不十分で、作業をサポートする段取り合理化の遅れが課題としてあることがわかった。

2. 原因
作業の技術指導を行う体制が不十分であり、また不慣れな点もあり標準工数が実態と乖離していた。さらに多品種の組み立てを行う段取りの見直しも不十分であった。

3. 影響
工程全体が不安定化していて、期待されたパフォーマンスが得られなかった。

4. 改善策
作業指導の強化を行った。（細かい作業ノウハウを記述した作業標準書の準備と訓練手順の標準化）
段取り作業の改善を行った。（多品種化に伴う治工具の多様化・配置の改善など現場の段取りの見直し、ムダ取り）

5. 効果
工程間の実質工数のアンバランスが改善され、生産効率が改善された。

ムラの発見と改善の事例

1. 課題

作業日報などから、設備のメンテナンスに使用する潤滑油の使用量が日毎にバラツキが大きく、使用量も増加していたことがわかった。設備の小さな故障も多くなっていた。

更に現場を確認すると、新しい設備は安定していたが、5年を超えて使用していた設備は部品の消耗などから潤滑油の消耗が不安定に変動していて、小さな故障も増えていた。

古い設備のメンテナンスに課題があることがわかった。

2. 原因

設備管理のノウハウの不足が原因である。また潤滑油の使用量の監視が弱く課題の発見が遅れた。

3. 影響

潤滑油の使用量の増加によるコスト増と設備の稼働率の低下。

4. 改善策

設備の部品の消耗程度のチェックを、使用期間5年を超えるものについては、従来の1年ごとから、2ヶ月ごとに変更した。またチェックの方法も標準化した。

5. 効果

設備稼働率が向上し、また潤滑油の消費量も削減された。

③ 解説　改善のポイント

1. チェックのポイント

日常の業務繁忙などから、見落としがちになるムリムダムラをチェックすることは効果的です。このチェックは、

・直接的にパフォーマンスの改善に貢献でき、実務的に仕組み改善を進められる
・内部監査員の能力（豊富な業務経験）を発揮できる
・現場の実際の課題であり問題意識を共有しやすく、実践的な解決策を検討できる
などのメリットがあります。

各種の管理データ（監視データ、日報類　など）の確認に加えて、現場での観察を行うことで、実際の「人、製品、管理のやり方」などのムリムダムラの課題を幅広く見つけます。

2. 改善のポイント

より客観的な指摘のために、チーム内での議論を行って指摘されたムリムダムラの重要度の判断をします。改善には様々なアプローチ（現在の管理のレベルアップ、新たな管理手法の導入、資源管理の高度化など）があるので、多面的に改善の方法の議論を深めます。

第三セクション　　内部監査の指摘力、及び是正力強化の実践編

④ ISO 9001：2015 年版対応　～考え方を理解して業務改善に結び付けましょう

1. 関連する要求事項

組織が効果的、効率的に活動するためにも、「無駄の削減や生産性の向上」が期待されています。「無駄」を削減して筋肉質の仕組みを作り上げれば、強い現場を作り上げることが出来ます。（**0.3 プロセスアプローチ**　参照）

改善を効果的に進めるには、日常業務の中で、「ムリムダムラの監視 ⇒ 課題把握 ⇒ 改善」の活動を展開して、確実に PDCA を回していくことが大切です。

（**9 パフォーマンス評価　9.1.1（監視、測定、分析及び評価）一般**　参照）

2. 現場での活用の考え方

まずは日々の各種監視指標（管理データ、各種日報類など）のチェックや、現場の作業や職場環境を観察して、ムリムダムラを見つけます。

ムリムダムラが発見された場合は、標準化された仕組み（管理手順、手順書、指示書など）が機能的に、品質活動をサポートしているかという視点でチェックすると、仕組み面の課題も見えてきます。

さらに顧客の満足度を高めるために現場で何をなすべきかを検討することで、より広範囲なムリムダムラの削減につながる切り口が見つかります。

⑤ 改善のための様々なアプローチ

改善のアプローチには様々な切り口があります。以下にいくつかの例を示しますので、改善策を検討するときのヒントにしてください。

アプローチ例	内　　　容
1. 標準化の推進	手順化（但し文書化されていない仕組みも可）
2. 作業の改善	合理的作業、現場にベストフィットの仕組み・作業
3. 管理の改善	パフォーマンスをサポートする仕組み、監視の強化
4. 連携の改善	「後工程はお客様」の視点での改善、変更の連絡強化
5. 効果的な監視	監視ポイントの見直し、監視データの活用
6. 4Mの管理の改善	重点管理項目の設定、管理のPDCAを確実に回す

⑥ 様々な原因

改善策の検討には、原因を確実に把握する事が大切です。以下に原因の例を示しますので、考える時のヒントにしてください。

原因の例	内　　　容
１．ムリムダムラを発生させる原因	
a. 監視が弱い	課題が見えにくい（例　日常的に工程内在庫が多い）
b. 計画が甘い	PDCAが回らない
c. 現場管理が不十分	経験的な成り行き管理に近い
d. 標準化の遅れ	課題への取組みが遅れる
２．ムリムダムラを見逃す原因	
a. 業務繁忙	そこまで手が回らない、見て見ぬふり
b. 監視データを活用しない	監視データがポイントを外している 管理のための必要なデータがない

第5章　現場監査の
ポイント

1　現場の管理状態のチェック　〜効果的に課題を発見する

2　現場作業のチェック　〜ミスの防止と作業改善

2（1）　作業の基本動作は守られているか

　現場作業が安定的に行われるための手順書などが、実際に役立っているかのチェックは大事な基本です。

　つまり手順書などが「必要な作業を標準化しているか、実際に使われているか、遵守されているか、作業者に役立っているか、合理的な作業内容か」をチェックします。

=Point

1．手順書などで標準化された作業は遵守されているか
2．作業を支える活動（教育訓練、作業標準化、作業改善など）は効果的か

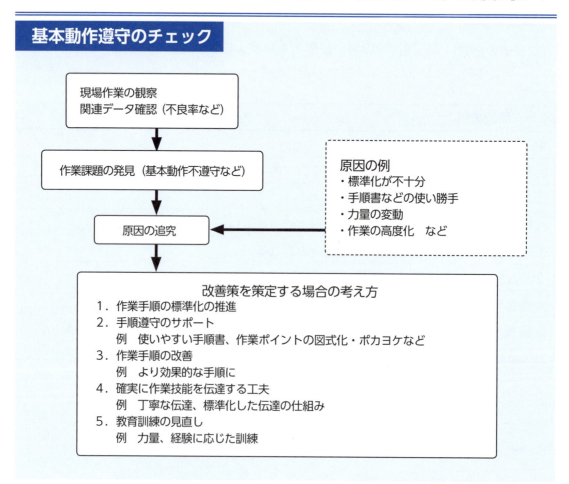

① チェックの参考例

- 手順書などが遵守されているか
- これまでどのような作業ミスがあったか
- 手順書がどこに置いてあるか
- 作業内容にムリムダムラはないか
- 手順書は使いやすいか
- 作業者が手順書などの趣旨を理解しているか
- 作業手順は確実に教えられているか
- 手順書は使われているか
- 現場で作業のバラツキの状況の有無を観察
- OJTの進め方は個人ベースではなく標準化されているか
  （予め計画されているか、確実に実践されているか）
- 作業のバラツキを監視しているか
- 作業のバラツキは、手順書に記載されている部分か、または記述されない部分か
- 作業のバラツキがどのような問題を起こしているか

② 改善例

事例1

1. 課題

　手順書は定められていたが、ヒューマンエラーの作業ミスが散発的に発生している工程があった。

　担当者に確認すると、「手順書のやり方では作業スピードが落ちるので、ベテランの作業者のやり方を真似て一部作業をするようにしている。しかしある程度の作業技能が無いと作業ミスを起こしやすい方法だった。」という説明だった。

　手順書の作業内容では期待された作業スピードが守れないため、手順書とは異なる作業が行われているという点に課題があることがわかった。

2. 原因

　作業者の作業技能が一部低下して、手順書の作業内容が難しい作業になっていた。

3. 影響

　ミス発生による実質工数の増加

4. 改善策

　作業技能レベルを向上させるためのOJTを強化（作業のポイントの明確化、図や写真での説明）して、作業技能の向上を図った。

　また作業手順を見直して作業の効率性を向上させた。

5. 効果

　作業改善と各作業者の技能向上により、ヒューマンエラー的なミスが減少した。

事例2

1. 課題

現場の作業を観察したところ、加工作業の一部で作業のやり方が異なっていた。製品的には、メイン製品ではないが、汎用品で週に何度かロット生産されるもので発生していた。

手順書と異なる作業方法に課題があることがわかった。

2. 原因

当該製品は、メイン製品の派生品であり、メイン製品とほぼ同じ加工作業であったが、内部加工の数カ所でメイン製品と手順が異なるものとなっていた。当該作業は手順書では明確ではなく、先輩からの口伝えで作業習得していた。その結果作業のやり方に差異が生じていた。

3. 影響

製品不良は発生していなかったが、メイン製品と比較すると精度のバラツキが大きくなっていた。また、手順が明確でなく加工不良の恐れがあった。

4. 改善策

当該製品の作業の標準化を行い、独立の手順書として作業内容を明記した。

5. 効果

当該作業箇所での作業は統一された。製品の精度のバラツキも少なくなった。

事例3

1. 課題

作業日報から見ると、ハンダ工程でハンダ付けの形状の差やハンダ量に差が発生していることが幾つか指摘されていた。時折、顧客からも改善の要望がでていた。これらの問題は、材料管理の手順の課題であることがわかった。

2. 原因

作業担当者に、「その作業は誰から教わったのか、材料の取り扱いはどのように行っているのか、誰からそのやり方が良いと言われたのか」などをヒアリングした。その結果、ハンダ付けの作業手順は確実に手順書で共有されていた。

しかし材料の取り扱いや、それに伴う材料管理の手順、ノウハウが十分に標準化されていなかった。そのため現場での材料管理に違いが生じて、材料に微妙に差があったことが原因だった。

3. 影響

ハンダ不良やクレームの発生の恐れがあった。

4. 改善策

材料管理のやり方について、材料の管理の仕方を手順書などで標準化して、誰でも共有できるようにした。

5. 効果

作業の材料管理のノウハウを作業者全員で共有して、材料管理からハンダ付け作業まで一貫して標準化が進み、顧客からの改善要望もなくなった。

③ 解説　改善のポイント

1. チェックのポイント

業務内容や作業者の能力、また業務の進め方も日々変化します。ですから手順書や指示書などの遵守状況をチェックして、守られていない時は迅速に改善策を決めることが重要です。

まずは、作業者サイドに問題はないかの確認が必要です。例えば、「力量が十分か、教育訓練が適切に行われているか、遵守意識はあるか」などです。

さらに、手順書などに問題がないかの確認です。例えば、「判りやすいか、作業ポイントは明確か、実際の作業との乖離はないか」などです。

このように両面から確認することで、原因は確実に浮かび上がってきます。

なお標準化された手順があっても、「作業手順が正確に伝わっていない、または曖昧な部分が残っている、力量のバラツキ」などから、作業の差（作業内容や作業スピードの差）や作業のバラツキが発生することもあるので、その点のチェックも必要です。

2. 改善のポイント

より合理的な作業手順を念頭に、必要な場合は作業改善も含めた見直しを行います。改善策の意図や改善効果（作業の安定化、品質の向上効果）などを判りやすく説明すれば、遵守の意欲も高まります。

また現場で作業の差やバラツキをチェックして、もし問題があれば、その傾向（例えば、ベテランと新人、製品ごとの作業のバラツキ、業務の繁閑などの作業環境の違い　など）を把握します。

そして「必要な事柄が標準化されているか」「標準化されているのになぜバラツキが発生するのか」「伝え方に問題はないか」などをチェックして改善策を検討します。

力量の差をサポートするために、実際には様々な仕組み（標準化された手順書、ポカヨケ対策、見える化、OJT など）があるので、それらを組み合わせて考えることも必要です。

第三セクション　内部監査の指摘力、及び是正力強化の実践編

④ ISO9001：2015年版対応　～考え方を理解して業務改善に結び付けましょう

1. 関連する要求事項

まずは教育訓練などで必要な力量を確実に確保することが望まれています（**7.2 力量**　参照）。

確実に製品やサービスを提供するために、必要な作業内容が明確になっていて、共有されていることが必要です（**8.5.1 製造及びサービス提供の管理**　参照）。

さらに必要な作業情報の共有と情報の使いやすさも必要です。即ち文書類が「必要なとき、必要なところで、利用に適していて」、同時に「読みやすさ」も保たれる管理が大切です（**7.5.3 文書化した情報の管理**　参照）。

つまり「文書化した情報（手順書、指示書、記録なども含め）」が、現場の担当者にとって使いやすい道具であること」が必要となります。

さらに製品やサービスのための生産や作業のノウハウ（経験を踏まえて蓄積されてきた失敗や成功からの教訓、文書化されていない経験などを含む）が、きめ細かく確実に共有し活用されることを要求しています（**7.1.6 組織の知識**　参照）。

2. 現場での活用の考え方

作業活動をサポートするために、文書類が使い勝手の良いツールであることが必要です。作業や業務は日々変動しているので、常に現在の作業状況を多面的（作業内容、手順、力量の状態、管理の仕組み　など）に把握して、きめ細かく工夫や改善（手順書などの見直し、作業の改善、標準化の推進、作業環境の改善　など）を積み重ねていきます。

また作業のバラツキに対しては、現場の観察や、または例えば「ポカミス発生率」などのパフォーマンス指標を確認します。問題があれば、多面的（作業手順、OJT、教育訓練内容、作業内容など）に原因をチェックして、改善策を検討します。（このような監視と改善は、**9.1 監視、測定、分析及び評価**を現場で実践的に行っているものだと考えても良いでしょう。）

なお比較的習熟度の低いまたは作業が安定していない作業者には、「作業ノウハウを共有するための仕組み（手順書やポカヨケ対策など）」が役立っているかをチェックして、サポート力を強化する工夫や提案をします。

⑤ 改善のための様々なアプローチ

改善のアプローチには様々な切り口があります。以下にいくつかの例を示しますので、改善策を検討するときのヒントにしてください。

アプローチ例	内　容
1. 作業標準のレベルアップ	手順書などのきめ細かい記述、必要な人に分かりやすい表現、作業基準の確立
2. 教育訓練の標準化	作業ポイントの明確化、教育訓練手順の標準化、OJT の強化、力量のバラツキに対応した教育訓練の工夫
3. きめ細かいノウハウ共有の仕組み	写真、絵、図、グラフなどの活用（重要な細部作業の共有）職人的ノウハウの共有の仕組みを作る
4. ポカミス対策	写真、センサー導入、治工具の改善、注意点のチェックリスト
5. 実際の作業内容と手順書のギャップの解消	手順書の改訂、作業内容の改善、作業の標準化
6. 効率的作業への改善	作業の監視・分析、作業の改善・見直し

⑥ 様々な原因

改善策の検討には、原因を確実に把握する事が大切です。以下に原因の例を示しますので、考える時のヒントにしてください。

原因の例	内　容
1. 標準化が不十分	・作業内容の標準化が不十分　・必要なノウハウが記述されない
2. 教育訓練が不十分	・作業内容が確実に伝わってない ・伝達のやり方が担当者によって異なる　・職場での OJT が不十分
3. 作業者の力量、姿勢が不十分	・作業ノウハウを学ぶ姿勢が弱い　・作業が不安定 ・採用形態の変化、経験年数の変化などに対応する手順書などの使いやすさの追求が不十分
4. 手順書が使いにくい	・使いづらい（小さすぎる、大きすぎる、作業ポイントが分からない、アバウトすぎる） ・業務内容、作業活動の変更に追いついていない ・使われているが理解が不十分　・定められた作業内容が実務と乖離
5. 作業内容に問題がある	・作業内容が曖昧 ・実際には手順書と異なる作業内容となっている ・手順書とは異なる暗黙の作業手順がある
6. 力量の差の管理が不十分	・現場の作業実態を管理していない ・力量の差の監視がない ・標準化された力量のチェック基準を持っていない

2（2） 作業者の動線のムリムダムラは

　作業者の負担を少なくするために、作業者の動線にムリムダムラがあるかないかをチェックして、必要な場合作業動線の改善を行います。作業者は様々な活動をしているので、全体として効果的な動線かのチェックは大切です。
　動線の不具合は工程のリスク要因であり、適切な改善は現場のリスクを低減させます。

=Point

1．現場で動線の状況の確認（標準化は、合理的か）
2．動線のムダ取りの追求

動線のチェック

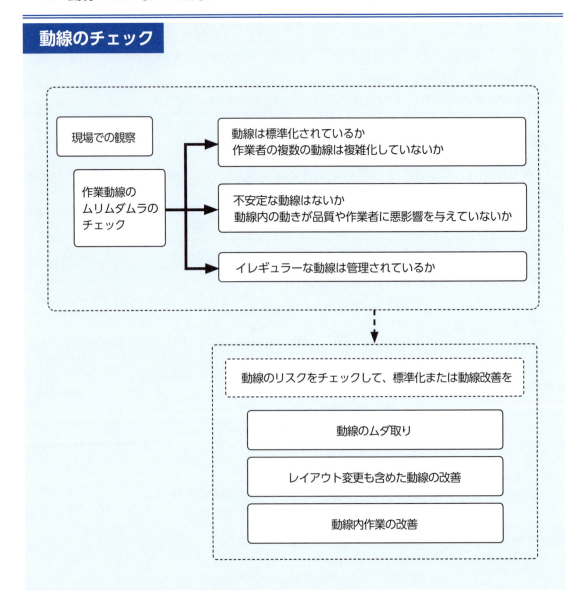

① チェックの参考例

・作業者の動線にムリな負担がないか
・段取り替え、点検などの時に無理な動線が発生していないか
・作業動線上に危険なものはないか
・作業者が製品、部品などを運ぶときに、荷姿、安全面などに課題はないか
・作業者の移動で、ゴミや汚れが広がることはないか

② 改善例

事例

1. 課題

隣り合って組立作業を行っている作業者間の部品の受け渡しは、その場で直接手渡ししていた。担当者間に仕掛かり在庫が増えると、直接手渡しができず、作業者が部品を持って移動して渡していた。

作業者の負担増という課題があることがわかった。

2. 原因

受け渡し作業のリスクが認識されていなかった（受け渡し手順が標準化されず、管理者が状況を十分に把握していなかった）。

3. 影響

作業者の移動負担と実際の作業工数が増加していた。また持って移動することで、製品を落としたり、破損させる恐れがあった。

4. 改善策

仕掛り在庫の置き場所を立体的にすることで、作業者が移動して部品の受け渡しを行うことを解消した。また管理者に現場の把握力を高めるよう指導した。

5. 効果

作業工数が安定し、作業者の負担も軽減された。

第三セクション　　内部監査の指摘力、及び是正力強化の実践編

③ 解説　改善のポイント

1. チェックのポイント

　動線管理は多くの組織で実践的に行われています。メイン作業の動線は概ね管理されていますが、一方補助的な作業（治工具の取り出し保管、臨時的な設備管理など）の動線は、十分に管理されていないケースもあります。

　不安定な動線はミスなどの原因にもなるので、作業動線をきめ細かく観察して、必要な改善を図ることは大切です。同時に「作業者の動線の動きが製品品質に悪影響を与える恐れはないか、作業者に過重な負担を強いていないか」もチェックします。また「作業者へのヒアリング、各種の道具類などの配置のチェック、付随的な業務の頻度や重要度のチェック」などで、動線を多面的にチェックするのも良い方法です。

2. 改善のポイント

　動線は結果であり、「各種作業のやり方、備品類・治工具の保管の仕方、在庫類の置き方」などの作業環境を確認する事が動線の改善に効果的な場合もあります。またパフォーマンス改善やリスク低減が行えるような視点で、新たに提案することも大事です。

④ ISO9001：2015 年版対応　～考え方を理解して業務改善に結び付けましょう

1. 関連する要求事項

　まずは動線が管理された状態であり、また作業内容などの変更の場合は、必要な動線の変更が迅速になされる事が基本です。さらに幅広く作業環境の整備の視点からのチェックも必要です。

　(8.5.1 製造及びサービスの提供の管理　7.1.3 インフラストラクチャ　7.1.4 プロセスの運用に関する環境　参照)

2. 現場での活用の考え方

　「パフォーマンスの向上、リスクの低減」の観点から、作業動線が合理的かをチェックします。現場作業者は様々な活動をするので、各動線が錯綜していないか、ムダが発生していないかなどの視点でも確認します。

　(9 パフォーマンス評価　6.1 リスク及び機会への取組み　参照)

管理者が定期的に動線を確認し、作業内容の変化に対応して改善や工夫が必要かを検討します。また担当者のヒアリングも大事です。その上で状況を整理して、必要な改善策の議論を深めます。

⑤ 改善のための様々なアプローチ

改善のアプローチには様々な切り口があります。以下にいくつかの例を示しますので、改善策を検討するときのヒントにしてください。

アプローチ例	内　　容
1. レイアウトの改善	配置変更（作業用の各種の道具類、治工具の管理箱、管理台帳などの帳票類、設備メンテナンス備品　などの変更）によって、動線の安定化とムダ取りを行う
2. 付帯的作業の動線管理の標準化	付帯的作業（各種メンテナンス作業、製品仕分け、工程内の在庫や仕掛品の管理作業など）を分析して、きめ細かく動線を標準化する
3. リスク改善	動線内の各種作業の製品品質への悪影響を改善する 動線内作業の負担を軽減する
4. 総合的な調整	労働安全衛生面や作業環境面も踏まえた動線の見直し 「作業の改善、動線の見直し、作業サポートの道具類の配置の見直し」などによる総合的な調整
5. 担当者へのヒアリングと改善	現場担当者の作業動線に関する意見を確認し、その情報を踏まえて改善のための工夫や提案を行う

⑥ 様々な原因

改善策の検討には、原因を確実に把握する事が大切です。以下に原因の例を示しますので、考える時のヒントにしてください。

原因の例	内　　容
1. 管理の仕組みが脆弱	・動線管理の発想があまりない ・メイン業務を中心とした動線管理はあるが、補助的作業の動線が管理されていない ・動線管理の場合に、労働安全衛生や作業環境を含めた全体としての最適化が不十分
2. 業務活動の変化	・多品種、短納期、特急仕事などによって動線が複雑化している

2（3） 作業環境は必要にして十分か

作業環境が期待通りに管理されているかのチェックは基本です。作業効率の向上のための「現場の音、熱、埃、明るさ、乱雑度」などの基準の有無や、作業環境の管理が効果をあげているかをチェックします。

=Point

1．「作業環境を維持、向上させるために必要な項目」が管理されているか
2．管理項目の指標や水準は適切で効果をあげているか

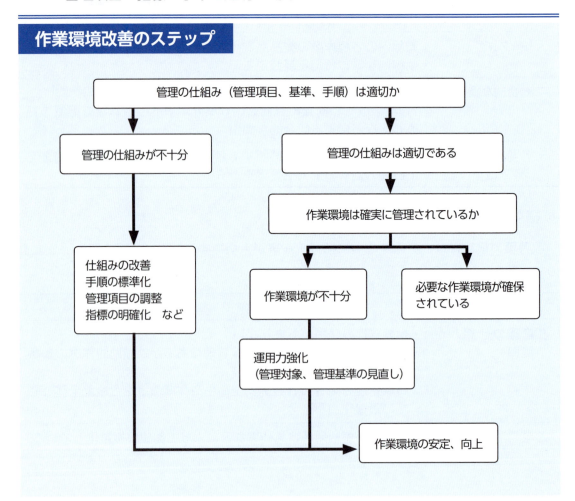

作業環境改善のステップ

① チェックの参考例

- 作業環境に影響する「騒音、温湿度、埃、明るさ」などが社内外の基準を満たしているか
- 作業環境に関して管理する項目に欠けているものはないか
- 管理項目の守るべき基準は、作業上十分なものか
- 廃棄物、不要物などは確実に撤去されているか
- 様々なものが乱雑に置かれていないか
- 使用している材料、原料などに健康被害を誘発させるものはないか

② 改善例

事例

1. 課題

精密部品の組立作業に関して、「作業所内の明るさ」はマニュアルで定められ基準をクリアしていた。一方「明るさの測定値」を確認すると、基準内ではあるが、晴天時と曇天時で室内の照度の差が大きくなっていた。また組立作業の不良は、曇天時に発生率が高くなっていた。

室内の照度に課題があることがわかった。

2. 原因

明るさと作業効率に関する監視が弱く、照度管理が不十分だった。

3. 影響

不良の増加に伴うコストの増加

4. 改善策

曇天時に晴天時のレベルと同じ明るさになるよう照度管理を行った。また明るさと作業環境との関係を、さらに監視分析して必要な対策を講じることとした。

5. 効果

曇天時の組立て不良の発生率が低下した。

第三セクション　　内部監査の指摘力、及び是正力強化の実践編

③ 解説　改善のポイント

1. チェックのポイント

作業環境の管理基準や管理活動が、作業の効率化、安定性に貢献しているかを、以下のように多段階で順次チェックする。

→「管理の仕組みは確立しているか」

　→「必要な基準の標準化は行われているか」

　　→「守るべき管理基準は適切か」

　　　→「基準は期待された効果を上げているか」

　　　　→「労働安全衛生の面から問題はないか」

2. 改善のポイント

管理のベストプラクティスの観点から、管理や監視の仕組みの改善の余地（効果的管理か、適切な監視の方法か　など）を検討します。また作業環境をより良くするために、監視すべき項目が漏れていないかのチェックも重要です。特に物理的要因の他、「心理的、社会的要因」に関連する項目が十分に管理されているかの確認は大切です。

また作業の効率性の観点から、「作業環境を判断する各基準」が効果を上げているかを分析し、必要ならばより良い職場環境のための改善提案を行います。

さらに「現場で発生した様々な課題の背景に、作業環境の問題がなかったか」をもう一度チェックします。

④ ISO9001：2015 年版対応　～考え方を理解して業務改善に結び付けましょう

1. 関連する要求事項

作業しやすい職場環境を作るために、インフラ整備などのハード面のほか、ソフト面（心理面、組織風土、など）の環境整備もきめ細かく行えば、作業効率の向上やミスの防止につながります。

（7.1.3 インフラストラクチャ　7.1.4 プロセスの運用に関する環境　参照）

2. 現場での活用の考え方

作業環境の現場課題を明らかにして共有します。そして物理的な作業環境のほか、心理面や組織風土のような要素も考慮に入れて、よりよい作業環境のために何をすべきかを考えて必要な提案を行っていきます。

⑤ 改善のための様々なアプローチ

改善のアプローチには様々な切り口があります。以下にいくつかの例を示しますので、改善策を検討するときのヒントにしてください。

アプローチ例	内　　容
1. 必要な基準の設定	明るさ、温度、湿度、騒音、など
2. 基準の見直し	効率的な作業のため、作業疲労軽減のため
3. 5Sの徹底	整理、整頓、清掃、清潔、躾
4. トータルな作業環境の改善	物理的（狭い、広いなど）、心理的（コミュニケーション）、環境面（衛生面、暑さ寒さ、湿度、騒音）、社会的（組織風土）

⑥ 様々な原因

改善策の検討には、原因を確実に把握する事が大切です。以下に原因の例を示しますので、考える時のヒントにしてください。

原因の例	内　　容
1. 管理が不十分	・各種基準が不十分で、効果をあげていない ・運用が手順と異なる ・作業のパフォーマンスが改善されない
2. 標準化の遅れ	・必要な基準が明示されていない ・監視の対象が不十分
3. リスクの認識が不十分	・「作業環境が作業の効率に与える影響」についての認識が弱い
4. 労働安全衛生などの視点が不足	・安全面の配慮が不十分

3 製品のチェック　〜ムリムダムラの解消

3（1）　製品の保存、仕掛かり管理　〜漏れのない管理を

　現場での製品・部品の取り扱いや管理が確実に行われ、品質に悪影響を与えていないことを確認します。乱雑な作業現場は事故、不良品発生の温床になります。
　例えば、「製品に悪影響を与える事柄が確実に管理されているか」「作業現場が乱雑で、製品の品質に悪影響を与えていないか」「修正や手直し品などの合否判定が曖昧でトラブルが生じていないか」などをチェックします。業務繁忙などを理由に、管理や基本動作が疎かになっている場合もあります。現場の状況を確認して必要な改善を図ります。

=Point=

1．「品質に悪影響を与える要因」は確実に管理されているか
2．保管、保存、仕掛かり管理は適切に運用されているか

保存、仕掛かり管理のチェック

① 製品の環境は適切に管理されているか
　・製品に悪影響を与える要素を管理しているか（熱、水、空気　など）
　・製品の傷、瑕疵、変質は

② 製品の区分けの管理は十分か
　・検査品、良品、不良品などの管理は十分か
　・仕掛品の管理は十分か、工程内の取り違いのリスクは
　・保管庫、倉庫などで非管理なものは
　・長期に保管しているものは
　・製品の劣化の恐れは
　・作業しやすいように保存されているか（識別も含め）

③ 現場の運用面について
　・製品の乱暴な取り扱いは
　・汚染防止されているか
　・運搬する時に危険はないか

改善のステップ
・関連する手順はある → なぜ手順は守られないのか → 手順改善又は周知徹底
・関連する手順が不十分 → 管理の隙間を埋める手順の検討 → 曖昧な活動の標準化

① チェックの参考例

・製品が劣化しないように保存されているか
  （製品を保護する環境が整備されているか）
・保存の仕組みはあるか、手順通り運用されているか
・保存基準は明確か、基準は効果を上げているか
・作業中の製品に悪影響を与えるものは、取り除かれているか
  例　ゴミ、水滴、清浄でない空気、熱、静電気、など
・製品の区分けは明確か（製品、仕掛品、不良品、手直し品　など）
・長期保管の製品、部品はないか
・仕掛かり中の製品が判り易く識別されているか
・乱雑な管理になっていないか
  （見つかり難いことはないか、乱暴に扱われていないか）
・識別されない部品が放置されていないか
・使われない部品、材料などが置きっ放しになっていないか

② 改善例

事例1
1. 課題
　倉庫の仮保管庫の中に識別されない仕掛品が数ヶ月放置されていた。長期間放置されていたので、製品の一部劣化が見られた。
　仕掛品の保管に課題があることがわかった。
2. 原因
　手直しの処置が必要な仕掛品であったが、当該型番の製品が製造完了したので、そのままになっていた。手直し対象の仕掛品の管理手順が定められていなかった。
3. 影響
　製品の劣化、取り違えリスク。
4. 改善策
　管理上のリスク（取り間違え、管理コストなど）もあり、手直し処置対象の仕掛品の識別手順の明確化を行った。
5. 効果
　同様な未管理の仕掛品は発生しなくなった。

第三セクション　　内部監査の指摘力、及び是正力強化の実践編

事例2

1. 課題

プレス加工作業中の部品の加工が昼休みで一部作業中断したが、昼食後にうっかり加工を中断したまま次の工程へ部品が移動し、次工程で加工不良が発生した。昼休みをはさんだ工程間の受渡しに課題があることがわかった。

2. 原因

中断した場合の管理手順が定められておらず、思い違いによって未加工のまま次の工程に送られた。

3. 影響

加工不良によるコスト増。

4. 改善策

昼食時の作業途中での部品の管理手順を明確化した。

5. 効果

管理手順が担当者に浸透し、同様なミスは発生しなくなった。

事例3

1. 課題

A工程のB班では、職場の活動指針である3S（整理、整頓、清掃）が不十分で、製品管理も乱雑であった。ヒアリングしてみると、技術的に難しい作業内容があることから、どうしても他の工程に比べて実質的な作業負荷が重たく、その負担感や作業の繁忙などから製品取り扱いが乱雑になり、製品品質に悪影響（例　小さな傷がつく、汚れがそのまま　など）を与えていた。
B班の職場環境の管理に課題があることがわかった。

2. 原因

実質的な作業の過重感や繁忙によって、製品環境への意識が弱くなっていた。

3. 影響

製品品質の悪化

4. 改善策

ライン責任者と工程の管理者で協議して、作業負担を改善するために「ベテラン作業者の投入、技術的に難しい作業をサポートするための治工具の開発、作業手順の変更、技術指導の強化」などを行い、作業負担の軽減を図った。
そしてその上で3S（整理、整頓、清掃）の徹底について指導を強化した。

5. 効果

作業環境の改善に努めて作業効率が向上した結果、製品環境への意識が向上し、整理、整頓、清掃が確実に行われ製品品質の悪化が防止された。

③ 解説　改善のポイント

1. チェックのポイント

製品に悪影響を与えるリスクが確実に管理されているか、及び製品環境が整っているかをチェックします。例えば「製品が毀損されていないか」「製品に悪影響を与えるリスク（例　温度、湿気、ほこり　など）は管理されているか」などのチェックです。また品質不良や品質の劣化などの発生時に、製品環境の未整備が背景にないかを丁寧にチェックします。

ほとんどの組織で製品の保管管理の仕組みは作られています。一方現場で「期待通りの作業が行われない」や「保管管理の作業負担から手順が遵守されない」「実際には乱雑な対応をする」「細部の手順が不鮮明で混乱する」などから製品が劣化したり、保管保存の管理が不十分になることもあります。

まず「適切に保管保存するための必要な条件が明確化され、その手順が標準化されているか」のチェックをします。不十分な場合は必要な基準や活動を明確にして標準化することが必要です。

2. 改善のポイント

まず現場の製品環境を丁寧に確認して、「物理的な改善（温度、ほこりなど）、作業環境の整備（製品置き場の改善、治工具類の管理の工夫）、組織風土の改善（管理職、担当者の意識）」などを含む多様なアプローチを検討します。

また保管保存の基準や管理のやり方が製品品質の悪影響防止に貢献しているかの視点で、改善の必要性を追求します。

④ ISO9001：2015 年版対応　～考え方を理解して業務改善に結び付けましょう

1. 関連する要求事項

製品が要求事項に適合するために、常に適切に管理されていることが必要です。保管保存に関しては、製品の劣化や汚染防止のためにも、製品に悪影響を与える条件（例　熱、埃　など）を取り除いたり、適切な作業（*1）を行うことが、製品の各段階（作業取り扱い、保管、包装、輸送、保護）で確実に行われることが必要です。（*1　製品を乱暴に取り扱わない、適切な包装、梱包を行う）
(7.1.4 プロセスの運用に関する環境　7.1.3 インフラストラクチャ　8.5.1 製造及びサービス提供の管理 d)　8.5.4 保存　参照)

2. 現場での活用の考え方

現場での保管保存作業が一貫した手順や流れで行われることで、管理作業のムリムダムラが無くなります。製品環境に影響を与える様々な活動（製品環境の管理、基礎的な３S活動、動線管理、保管保存　など）が一体的に管理され、全体として効果を上げていることが大事です。

第 5 章　現場監査の　ポイント

3　製品のチェック　～ムリムダムラの解消

161

第三セクション　　内部監査の指摘力、及び是正力強化の実践編

⑤ 改善のための様々なアプローチ

改善のアプローチには様々な切り口があります。以下にいくつかの例を示しますので、改善策を検討するときのヒントにしてください。

アプローチ例	内　　容
1. 製品環境のリスク項目の管理の強化	重要なリスク項目を目標設定する リスク項目の原因系の監視を強める リスク項目の管理を行う活動の施策を具体化する
2. 現場の管理の工夫	リスクの見える化、現場で判りやすい基準を示す、作業環境の整備（3Sの徹底など）、異常時の対応を迅速化する（手順化　ほか）
3. 保管保存の仕組みの強化	保存基準の明確化、生産ライン上で統一的な劣化防止策、バーコードの導入、管理項目の標準化
4. 現場の作業面の改善	保管場所の見直し、備品管理の工夫、運搬の改善
5. 仕掛管理の強化	仕掛品の仕分けと識別の明確化の工夫 (良品、不良品、検査中などの区分けの明確化)
6. 部門間、工程間の連携	川上から川下まで一貫した保管管理のシステム化、安定した生産計画

⑥ 様々な原因

改善策の検討には、原因を確実に把握する事が大切です。以下に原因の例を示しますので、考える時のヒントにしてください。

原因の例	内　　容
1. 製品環境のリスク項目の管理の仕組みが機能していない	・必要なリスク項目が管理されていない（温度、湿度　など） ・基準が明示されていない ・数値的に管理されていない
2. 保管の管理手順が不十分	・工程の中で管理すべき項目が不足している ・保管で守るべき項目や基準が不明確
3. 保管の運用面が乱雑	・現場の保管作業や運搬が乱雑になっている ・保管中の管理が不十分（例　台帳の記入漏れ、識別不十分）
4. 工程の作業が不安定で、製品の区分けが不十分	・イレギュラーな製品（手直し品、不良品、廃棄品　など）の管理の手順が不明確 ・多品種化や納期短縮による工程の繁忙 ・特急仕事などが重なり現場での仕掛品の管理負担が増大
5. 整理整頓の職場風土が弱い	・製品が乱雑に取り扱われている ・現場の管理者の意識が不十分

3（2） 製品の識別、ロット管理　～ケアレスミス発生の防止

　現場で作業中の製品部品の識別管理が不十分だと識別のミスによる不良の原因となります。

　多くの組織で基本的な仕組みは出来ていますが、「段取り替え、多品種化、様々な計画変更」などの状況では識別ミスが発生しやすくなります。

　現場での実際の作業や活動を、きめ細かくチェックして、識別管理のノウハウのレベルアップを図れば、現場の活動がより円滑になります。

=Point=

1．識別が不十分で工程内や後工程に問題が生じていないか
2．トレーサビリティに関して、分かりやすい管理や工夫がなされているか

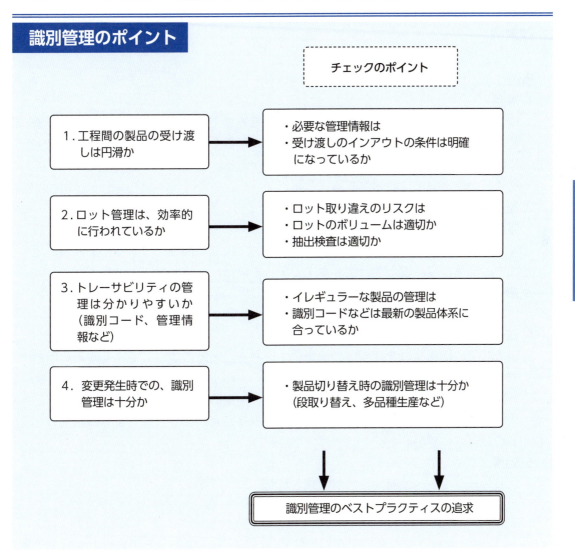

第三セクション　　内部監査の指摘力、及び是正力強化の実践編

① チェックの参考例

・前工程からの部品受け入れの識別情報は判りやすいか
・工程内で異常品、不良品と良品との識別は十分か
・段取り替えの時の仕掛品などの識別が現場任せになっていないか
・多品種を並行生産している場合に、現場で製品が混同されるリスクはないか
・ロット管理の場合のロットごとの識別は明確か
・受け入れ段階で不良品とされた部品の識別管理は十分か
・識別するための容器や伝票が欠けているものはないか
・特急仕事で、ラインが乱れたときに識別ミスはないか
・製品切り替え時に識別が曖昧になることはないか
・次工程との受け渡しのルールは明確で、共有されているか
　（前後工程の理解にズレはないか）

② 改善例

事例

1. 課題

　Ｄ工程では、ロット生産で多品種の部品の組み立て作業を行っている。月末の繁忙時に特急仕事が入ったりすると、工程内の手直し中の仕掛品などが他のロットに混入して、後工程の作業が混乱することがある。
　仕掛品の識別方法に課題があることがわかった。

2. 原因

　原因は「手直し中の仕掛品について、管理のやり方が標準化されず担当者によって異なって処理されていたこと」。背景としては、「多品種化による部品点数の増加で、部品の取り違えが発生しやすくなっていたこと」がある。

3. 影響

　「ロットの混入ミスのやり直しの工数増大」「作業遅延による損失」などが生じる。

4. 改善策

　手直し中の仕掛品の管理手順の標準化を行った。同時に識別しやすくする専用箱を手配した。
　多品種化に伴う部品点数の増大に対応して、中期的に設計の工夫による類似部品の統合を進めることとした。また当面は、取り違えが発生しないように識別コードの見直しに着手した。

5. 効果

　部品の他ロットへの混入ミスが削減された。

③ 解説　改善のポイント

1. チェックのポイント

識別管理は基本的には確実に行われていますが、様々な変更時、異常発生時などに、管理が不十分になるケースも見られます。

工程間の受け渡しに関して、「手順どおりに行われているか」「後工程はお客様という視点で、円滑な受け渡しが行われているか」などをチェックします。

現場で非管理または識別が不明確な製品の有無をチェックすることも効果的です。また識別管理が「運用面に問題がないか」「形式化していないか」などもチェックします。さらに製品の流れと一緒に過不足無く、必要な情報が流れているかのチェックも大事です。

識別管理の手順にもかかわらず、実際の現場で思い込みで受け渡しが行われて後から問題が発生したり、またはヒヤリ・ハットなどの隠れた苦労がないかを確認することも大事です。

2. 改善のポイント

識別が不十分な製品を見つけて識別管理の改善をする場合でも、単に管理強化だけの視点ではなく、物事の程度、影響などを把握して、現場に馴染む最小限の仕組みにする工夫が期待されます。

④ ISO 9001：2015 年版対応　〜考え方を理解して業務改善に結び付けましょう

1. 関連する要求事項

製品は常に管理された状態であることが必要で、工程内や工程間の製品の受け渡しも含めて、明確に識別されなければなりません。

またトレーサビリティが要求事項である時には「一意の識別」をします。

（8.5.1 製造及びサービス提供の管理　8.5.2 識別及びトレーサビリティ　参照）

2. 現場での活用の考え方

工程間など様々な受け渡しで、現場における課題（製品の受渡しが明確か、不良品・手直し品・仕掛品などの識別が確実に行われているか、現物が紛れる恐れはないかなど）の有無を確認します。

また何か不具合があった時（工程内、プロセス内、顧客デリバリーの後など）に、迅速に対応して混乱を最小に止める仕組みが機能していることが必要です。

第5章　現場監査のポイント

3　製品のチェック　〜ムリムダムラの解消

第三セクション　　内部監査の指摘力、及び是正力強化の実践編

⑤ 改善のための様々なアプローチ

　改善のアプローチには様々な切り口があります。以下にいくつかの例を示しますので、改善策を検討するときのヒントにしてください。

アプローチ例	内　　　　　容
1. 状態の識別の強化	イレギュラー品、手直し品、仕掛品などの取り違えの防止策 （多様な識別の工夫－色、箱、置き場所、帳票） 後工程での円滑な作業のサポート （事前に受け渡し情報を提供、製品に関連する必要なデータ添付）
2. 一意の識別の向上	最新の製品体系にあった識別コード、判りやすい識別方法
3. システム化	識別管理のシステム化
4. ロット管理の強化	最適ロット量の算出、ロット検査の抽出数の最適化

⑥ 様々な原因

　改善策の検討には、原因を確実に把握する事が大切です。以下に原因の例を示しますので、考える時のヒントにしてください。

原因の例	内　　　　　容
1. アウトプットの状態管理が不十分	・工程間の受渡しに伴う決め事が不十分 ・決まりごとが守られない ・手直し品が正常品と紛れやすい
2. 一意の識別管理が弱い（トレーサビリティが決められている時）	・多品種化が進み多様な派生型製品が多くなり、識別のやり方が追いつかない ・製品の識別のやり方が固定化して最近の製品体系に合わない ・継ぎ足し的な仕組みで混乱しやすい
3. 運用面のギャップ	・思い込みで管理している ・識別の帳票が分かりづらい
4. ロット管理	・ロット管理（ロット量、ロット検査の抽出数）が経験的に決められ最適ロットではない

3（3） 製品の動線、工程内在庫　～日常のきめ細かい管理を

　多品種化や短納期などの業務環境の変化に伴い、製品の動線が複雑化するケースもあります。製品の動きや滞留などを現場で丁寧に確認し、また台帳類などから工程内在庫もチェックします。
　懸念がある場合は、状況を多面的に把握して、必要ならばレイアウトや作業手順の見直し、工程の改善などを検討します。
　日々変化する業務のやり方や業務量の変動によって、実際に現場で問題（動線の錯綜、複雑化　など）が発生していないかをチェックして見直すことが大事です。

=Point

1．製品の動線や工程内在庫を現場で確認する
2．多面的視点で問題の発見と改善提案を

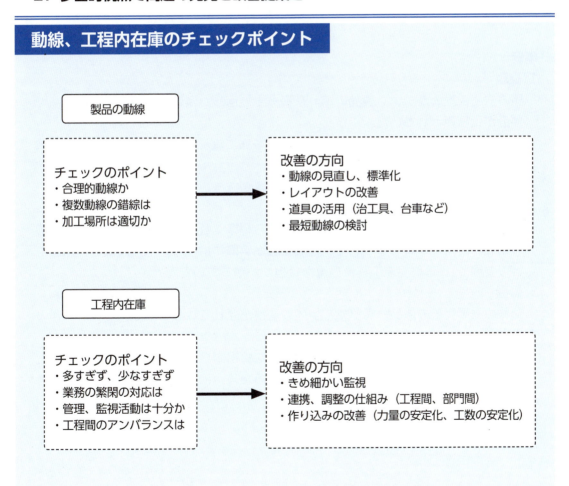

動線、工程内在庫のチェックポイント

製品の動線

チェックのポイント
・合理的動線か
・複数動線の錯綜は
・加工場所は適切か

改善の方向
・動線の見直し、標準化
・レイアウトの改善
・道具の活用（治工具、台車など）
・最短動線の検討

工程内在庫

チェックのポイント
・多すぎず、少なすぎず
・業務の繁閑の対応は
・管理、監視活動は十分か
・工程間のアンバランスは

改善の方向
・きめ細かい監視
・連携、調整の仕組み（工程間、部門間）
・作り込みの改善（力量の安定化、工数の安定化）

第三セクション　　内部監査の指摘力、及び是正力強化の実践編

① チェックの参考例

動線
- 製品の動線は合理的か（多品種化などで複雑化・不安定化してないか）
- 複数動線が錯綜していないか
- 動線の動きはギクシャクしていないか
- 動線の動きは作業者の過重な負担になっていないか
- 動線が不安定になっていないか（補助的作業などで）

在庫
- 各ラインの工程内在庫に偏りはないか
- 過小在庫でラインの動きが手待ちなどによってギクシャクしていないか
- 段取り替え、製品切り替え時などの在庫管理は適切か
- 工程の作り込み作業が不安定で、工程内在庫量の振れ幅が大きくなっていないか

② 改善例

事例
1. 課題

組み立て工程のラインを製品の流れに沿って見回ったが、最終組立工程の直前で部品が山積みされていた。

最終の組立工程で、受注品、少量品などが多様に流れていたため、組み立てに時間がかかっていた。

多様な品種を扱う場合の最終組立工程に課題があることがわかった。

2. 原因

組立工数は、それぞれの作業の標準時間から標準工数を算出していたが、多品種の組立が同時に行われることで、標準工数が実際には膨らんで（段取りの準備などの要因で）、最終組立工程に過重な負担がかかっていたため。

3. 影響

最終組立工程での部品の滞留で、全体の進捗が遅れ気味となった。

4. 改善策

標準工数を見直して、最終組立工程に過重な負担が発生しないようにした。また現場での準備段取り作業の工数の改善を図るため、治工具の多様化、配置の改善などを行った。

5. 効果

最終組立工程での部品の滞留が削減された。

③ 解説　改善のポイント

1. チェックのポイント

製品の動線については、製品の多様化など管理面での高度化が期待されており、「作業のしやすさや作業者の動線の効率性なども含めて全体として合理的か」を確認します。

工程内在庫については、管理台帳や現場の観察などで確認して、ムリムダムラなどの課題をチェックします。さらに業務繁忙などから、課題に対して修正的対応（残業、応援）にとどまっている場合は、原因の追究をもう一歩進めます。

2. 改善のポイント

製品動線の課題に対しては、計画面（品質計画、動線管理、レイアウト　など）と運用面（管理や作業の実態）の両面から原因を追究して、仕組みや運用面での改善を行います。

幾つかの要因が重なって問題が発生する事も考えられます。状況を確実に把握して、複数の改善策を組み合わせるべきかを検討することも大事です。

④ ISO 9001：2015 年版対応　〜考え方を理解して業務改善に結び付けましょう

1. 関連する要求事項

システムは基本的には、「パフォーマンスの向上、円滑なプロセス管理、無駄の削減、生産性の向上」などを期待しています。

製品の動線や工程内在庫についても、適切な基準で計画管理され、効果的に成果を得て、また必要な場合は迅速な改善も出来ることが必要です。（**8.1 運用の計画及び管理 b）、d）　8.5.1 製造及びサービス提供の管理 d）**　参照）

2. 現場での活用の考え方

業務環境の変化（多品種化、短納期　など）を踏まえ、品質活動の安定と向上の視点で、現在の動線や在庫管理の仕組みを見直して、より機能的な活動ができるように工夫します。

第5章　現場監査のポイント

3　製品のチェック　〜ムリムダムラの解消

第三セクション　　内部監査の指摘力、及び是正力強化の実践編

⑤ 改善のための様々なアプローチ

　改善のアプローチには様々な切り口があります。以下にいくつかの例を示しますので、改善策を検討するときのヒントにしてください。

アプローチ例	内　　　　　容
1. 工程内在庫監視の強化	製品の多品種化の監視強化、管理者による巡回、不良品・手直し品の迅速な処理
2. 工程管理の強化による最適在庫の追求	多能工化による応援態勢、特急仕事の管理改善、繁忙時の応援体制、製品特性に応じた各工程の工数の見直し、加工技術の向上
3. 工程間の連絡や情報交換の強化	各種変更情報の共有、共有情報の明確化、工程間のホウレンソウの手順化
4. 製品動線のレイアウトの工夫	製品動線の分析強化、製品運搬の機械化、運搬に関する道具類の整備、在庫置き場の明確化、品質作り込みの作業活動の見直し、レイアウト変更

⑥ 様々な原因

　改善策の検討には、原因を確実に把握する事が大切です。以下に原因の例を示しますので、考える時のヒントにしてください。

原因の例	内　　　　　容
1. 工程の監視が弱い	・工程能力の把握が難しい ・変動の把握ができない ・監視システムが弱い
2. 動線の複雑化	・多品種化の進行 ・納期の短縮による管理の複雑化
3. リスク管理不足	・異常発生時の工程間の連携が不十分 ・製品の多品種化による連携の緊密化が不十分

3（4） 治工具の効果的管理　～実際の現場の課題を見つける

　作業の道具類は、「いつでも必要な時」に「すぐ使える状態であること」が大事です。例えば、「整理整頓、台帳管理、精度管理、メンテナンス状況」などをチェックします。
　現場では、「使っても戻さない」、「戻しても場所を間違える／戻しても台帳に記入しない」などの問題が見られることがあります。
　そのような実際の課題を把握して、現場の隠れた負担を軽減できる効果的で工夫された提案をします。

=Point

1. 仕組みと運用実態に乖離があるかの現場チェック
2. より運用しやすいきめ細かい工夫、配慮

治工具管理のチェックポイント

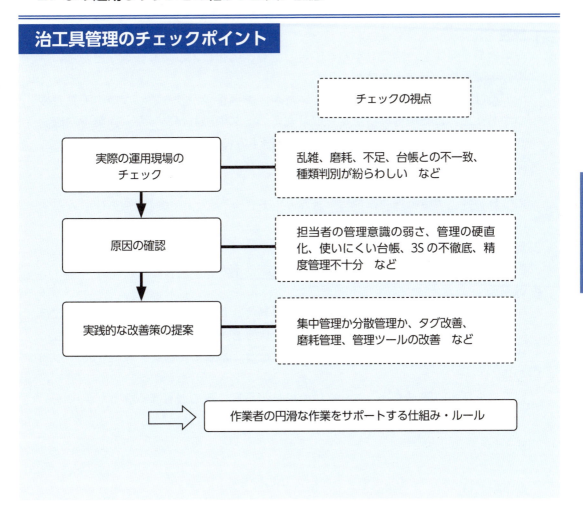

第三セクション　　内部監査の指摘力、及び是正力強化の実践編

① チェックの参考例

・治工具は判り易く置かれているか
・治工具はタイプ別（大きさ、用途別など）に簡単に識別できるか
・必要な精度を保つように常に確実にメンテナンスされているか
・治工具の現物と台帳が一致しているか
・治工具が定められた場所に置かれているか
・管理台帳は記入しやすく使いやすいか
・間違って取り出さないような工夫はされているか
・保管箱などは、取り出しやすく、戻しやすいか

② 改善例

事例

1. 課題

作業日報を見ると、治工具が時々不足したり、劣化による急な修理などから、手配の手間や作業が増えていた。

治工具は治工具箱で識別保管されていたが、識別番号が読み取れない治工具も幾つかあった。また保管場所が暗く取り違えのミスの恐れがあった。作業者に確認したところ、時々取り違えて必要なものを探すのに時間が掛かるとのことだった。治工具の管理方法に課題があることがわかった。

2. 原因

治工具管理の実際の課題が把握されなかったこと、及び治工具管理の仕組みが不十分だったことが原因であった。

3. 影響

隠れた治工具を探す手間などが発生し、作業効率が低下

4. 改善策

保管方法（読みづらかった識別番号を張り替え、保管場所を明るくした）を改善した。また 3S 活動の一環として治工具の状態を定期的に確認し、必要な場合に迅速に修理や交換または識別の改善などを行うこととした。

5. 効果

治工具を捜す時間が減り、また急に治工具が不足することも無くなった。

③ 解説　改善のポイント

1. チェックのポイント

実際の職場では、治工具の使い方や管理が乱雑で、「管理台帳との不突合、紛失、精度管理が働かない」などの実務的な悩みが発生していることがあります。

現場の治工具を使った作業の確認と、保管面で現物と台帳が一致しているかをチェックします。さらに精度、摩耗の管理が確実に行われているかの確認も必要です。

その上で実際の作業面の効率性の観点などから、現場の作業者にヒアリングなども行い、本当の課題を洗い出します。

2. 改善のポイント

課題がある場合は、まず「使用者の人数、使用頻度、治工具の種類／量のバランス、治工具を使う場合の動線など」をチェックして、管理面の課題の有無（集中管理か分散管理か、専任者管理か職場の共同管理か、機械化か識別の工夫か　など）をチェックします。

一方、識別のやり方、タグの付け方、保管箱の場所や置き方、担当者の意識など、ちょっとしたことが原因になることもあります。多面的な解決策が必要な場合も多く、一つずつ丁寧に改善策を積み重ねていきます。

即ち「現場的なきめ細かい創意工夫」＋「作業者の意識の向上」＋「作業環境の改善」の三つの方向からベストな方策を検討します。作業者からのヒアリングも大事な情報になります。

④ ISO 9001：2015 年版対応　～考え方を理解して業務改善に結び付けましょう

1. 関連する要求事項

治工具についても、常に管理された状態にあって、品質の作り込み作業を確実にサポートしていることが求められます。精度管理（含む劣化管理）もその面で正確に行われる必要があります。（**8.1 運用の計画及び管理　c）　7.1.5 監視及び測定のための資源**　参照）

2. 現場での活用の考え方

作業の本当の意味での効率化のためには、治工具の管理の仕組みが、現場作業者に使いやすくて機能的であることが必要です。現場では様々な作業や活動が交錯しているので、活動の実態を踏まえて一つずつ改善を図っていきます。

なお治工具管理を作業者が確実に行う事が、作業者にとってもメリットがあるという理解を深めることも大事です。

第三セクション　　内部監査の指摘力、及び是正力強化の実践編

⑤ 改善のための様々なアプローチ

改善のアプローチには様々な切り口があります。以下にいくつかの例を示しますので、改善策を検討するときのヒントにしてください。

アプローチ例	内　　容
1. 使いやすい管理台帳の工夫	記入しやすい台帳、誤記入を防ぐ工夫、電子化／バーコード化
2. 治工具の識別の改善	タグや識別コードの工夫、グループ化
3. 治工具保管場所の工夫	作業者の動線を配慮した保管場所、判りやすい識別方法
4. 3S、5S の浸透の工夫	実際の機会損失（探す時間、待つ時間など）を共有 メリットの理解と共有、作業者の意識の向上
5. 精度、摩耗管理の向上	これまでのトラブル内容を分析し、効果的な管理手順を

⑥ 様々な原因

改善策の検討には、原因を確実に把握する事が大切です。以下に原因の例を示しますので、考える時のヒントにしてください。

原因の例	内　　容
1. 管理の仕組みが不十分	・治工具管理の手順が現場にそぐわない（大雑把、細かすぎる、機能的でない） ・現場の業務繁忙、使用頻度などを考慮しない台帳管理の仕組み ・保管台帳が書きにくい、見にくい ・電子化が遅れている
2. 作業動線	・作業内容や頻度などを考慮した保管場所になっていない ・レイアウト面で動線が複雑になっている
3. 運用面	・現物の保管のやり方が曖昧（識別が不十分、精度管理が不十分） ・返却ルールが守られない
4. 作業者の意識	・3S の意識が不十分で乱雑な職場になっている

4　部門別のチェック　〜機能的な活動に向けて

4（1）　営業部門のチェック

　営業のノウハウが仕組みによって営業担当者に確実に共有されていれば、円滑な営業活動をサポートすることができます。

　仕組みを活用することで、「営業活動のバラツキが少なくなっているか」「顧客要求事項を確実に把握してミスの発生が少なくなっているか」「ほかの部門との情報伝達はスムースに行われていているか」などを確認します。

=Point

1．営業活動のノウハウ共有によるミスの減少と CS の向上を

2．顧客とのコミュニケーションや各部門との連携はスムースか

営業部門のチェックポイント

チェックの基本的な視点
⇒ 仕組みを活用して成果を上げているか

1．営業ノウハウの共有は
　営業活動のバラツキは、ミスの発生は

2．伝達、連携は十分か
　製造、設計、物流部門などとの連携は

3．CS 向上の PDCA は回っているか
　顧客ニーズの把握、データの活用

4．確実に変更の管理をしているか
　顧客要求事項の変更、内部活動の変更

改善の方向

使い勝手の良い仕組み
・顧客情報の共有
・営業ノウハウの共有と蓄積
・連携体制のサポート

円滑な営業活動

第三セクション　　内部監査の指摘力、及び是正力強化の実践編

① チェックの参考例

・納期変更、設計変更、顧客要求事項変更などはどの程度発生しているか
・上記変更に対する顧客とのコミュニケーションは円滑か
・経験の浅い営業担当のサポートは十分か（ミスなどは発生していないか）
・手順書や責任及び権限は活動の実態にあっているか
・営業ノウハウを共有する仕組みはあるか
　　例　標準的なチェック表、スケジュール管理、顧客特性管理表　など
・営業日報などから見た、実際の顧客とのコミュニケーションの課題は
・情報のファイリングの仕方は分かりやすいか
・各種書類のムリムダムラのチェック
・顧客からの要望は確実に共有され、実際の対応は十分か
・CS の状況はどのように把握しているか
・顧客クレームの発生に対する対処策は適切か

② 改善例

事例
1. 課題
　　営業部門では、標準化された顧客要求事項チェック表は使用されていたが、チェック表には様々な追加メモが数多く記入されていた。
　　営業担当にヒアリングしたが、「今のチェック表は使いづらい」との話が聞かれた。チェック表の様式に課題があることがわかった。
2. 原因
　　チェック表の項目が簡素すぎて、顧客要求事項のきめ細かいチェックに役立っていなかった。
3. 影響
　　顧客要求事項の把握ミスが時折発生していた。
4. 改善策
　　記入された追加メモの内容や営業担当の意見も踏まえて、チェック項目を追加した。
5. 効果
　　チェック表が使いやすくなり、顧客要求事項の把握ミスが減少した。

③ 解説　改善のポイント

1. チェックのポイント
仕組み（手順や規定）が「営業活動の効率化や安定性をサポートしているか」「顧客要求事項の把握ミスの削減やCSの向上に貢献しているか」の視点でチェックします。また社内のコミュニケーションが円滑に行われているかの確認も必要です。

2. 改善のポイント
まずは、「ミスは減ったか」「CSは向上したか」などのパフォーマンス面をチェックして、成果をサポートする仕組みや、ミスを防止する仕組み作りの視点からの提案が大事です。

顧客要求事項の正確で効果的な把握やCS向上のために、例えば「顧客要求事項のチェック表などのツールが活用されているか、さらに工夫の余地はないか」などの視点での提案が考えられます。

さらに受注活動を円滑に進めるために、営業部門とその他部門との連絡が迅速かつ正確に行われるような提案も期待されます。

④ ISO9001：2015年版対応　〜考え方を理解して業務改善に結び付けましょう

1. 関連する要求事項
顧客要求事項を常に的確に把握して、内部の連携を高めつつ組織の能力を確実にレビューすることで、円滑な受注活動が行われることが必要です。
（8.2 製品及びサービスに関する要求事項　9.1.2 顧客満足　参照）
（7.1.6 組織の知識　も営業ノウハウを構築するためには参考になります）

2. 現場での活用の考え方
「営業部内でのノウハウの共有」「製造部門などとの連携」「顧客とのより高いレベルでのコミュニケーション」などの活動が実際に行われているかを、ISO9001:2015の仕組みや手順から再確認して、不十分な点が見つかれば、パフォーマンス向上の視点から改善点を検討します。

第三セクション　　内部監査の指摘力、及び是正力強化の実践編

⑤ 改善のための様々なアプローチ

改善のアプローチには様々な切り口があります。以下にいくつかの例を示しますので、改善策を検討するときのヒントにしてください。

アプローチ例	内　　　　容
1. 営業ノウハウを共有する仕組み	顧客要求事項を確実に把握するノウハウの仕組み化（例　チェック表）、活動の見える化、各種変更連絡の手順を標準化
2. 内部コミュニケーション力を高める	内部連携強化の仕組み、変更点管理の仕組みの強化
3. CS 向上の工夫、努力	「顧客ニーズ、顧客要望、クレーム」などの情報や「これまでの顧客要求事項の把握ミス事例」を多面的に収集分析し、CS 向上策の検討を進める

⑥ 様々な原因

改善策の検討には、原因を確実に把握する事が大切です。以下に原因の例を示しますので、考える時のヒントにしてください。

原因の例	内　　　　容
1. 業務と手順の乖離	・営業活動の実態に合わない権限と組織規定になっている ・定められた手順とは違う別の実際的な活動運用ルールがある
2. 組織的営業活動の不足	・営業ノウハウの共有が不十分 ・組織的に活動して効率をあげるという意識が不足
3. コミュニケーション力が弱い	・他部門との内部連携が弱い ・CS 把握力が不十分

4（2） 間接部門のチェック

　間接部門とは、例えば総務、経理、人事・教育、情報システム管理などの部門であり、各作業や業務が機能的で、かつ情報の活用（見やすさ、分かりやすさ、情報の交通整理の巧拙、使い勝手の良さなど）が図られているかがチェックのポイントです。
　チェックの視点は①今のやり方が安定しているか、②作業や管理の過重な負担はないか、③アウトプット（記録、情報）は活用されているか　などです。
　また作業や活動の趣旨を職員が共有して、効果を上げるように手順や活動の工夫をしているかの確認も大切です。

=Point

1. 業務に期待された役割を発揮させるベストな仕組みか
2. 作業や活動は効果的で PDCA は回っているか

間接部門のチェックポイント

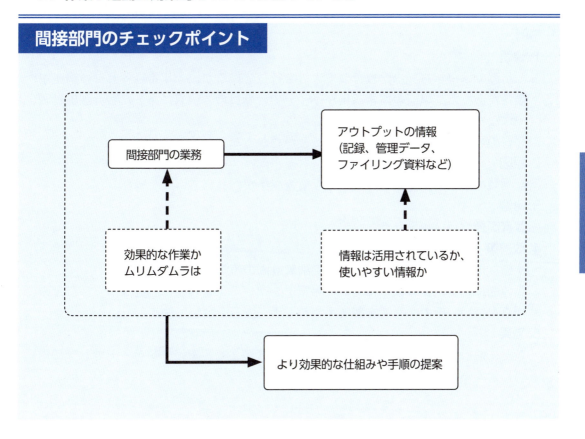

① チェックの参考例

- ・アウトプットの情報、データは活用されているか
- ・作業のムリムダムラはないか
- ・識別しやすいファイリングの仕方か（使いやすく、見つけやすい）
- ・情報の流し方でムリムダムラはないか
- ・それぞれの管理の仕組みは、期待された役割を果たしているか
- ・支援部門としてサポート力は十分か
- ・正確迅速に行っているか
- ・業務環境の変化に対応して、必要な見直しをしているか
- ・各種作業で必要なところは標準化されているか
- ・作業負担、管理負担が過重になっていないか

② 改善例

事例

1. 課題

総務部では毎年パソコン教育セミナーを行っているが、今年希望者ゼロの講座が幾つかあった。事前の情報収集が不十分で、職員のニーズにあった教育訓練計画ではなかった。

教育のニーズの把握に課題があることがわかった。

2. 原因

計画時にニーズ把握のための十分な情報収集が行われていなかった。

3. 影響

教育訓練の狙いが果たせない

4. 改善策

十分な情報収集を行ってから、教育訓練計画の策定を行うこととした。

具体的には、前年の後半に職員に希望アンケート、管理職に必要なニーズなどの調査を行い、そのニーズを踏まえてセミナー内容を調整・決定した。

5. 効果

新たに設計されたセミナーには、参加希望者が多く、事後アンケートでも学習内容に対する満足度は高かった。

③ 解説　改善のポイント

1. チェックのポイント

間接部門での様々な管理作業やアウトプット情報（ファイリングされた文書・記録、管理データ、システム関連情報　など）が、関係者に役立っているかを確認します。

例えば、「期待通りに情報が活用されているか」「アウトプット情報を活用する職員のために必要な工夫（見易さ、使いやすさ、アウトプット内容の変更、改善など）が行われているか」「各現場や関係部署のパフォーマンス向上に貢献しているか」などをチェックします。

業務環境の変化にも関わらず、マンネリ化した作業内容や必要な工夫・改善が遅れているケースも見られますので、丁寧に状況を把握しましょう。

作業している職員、またはアウトプット情報を使っている職員などの意見をヒアリングしながら、実際の課題を追究することも一つのやり方です。

2. 改善のポイント

一つは現在の各作業や管理のやり方をより効率的にできないかという視点で改善策を検討します。またアウトプットの情報について、「レベルアップの余地や簡素化または重点化などの必要性」の有無をチェックすることも有効です。

④ ISO 9001：2015 年版対応　〜考え方を理解して業務改善に結び付けましょう

1. 関連する要求事項

組織の情報（事業活動の分析、活動のノウハウなど）が確実に共有・活用されて、パフォーマンスの向上に貢献することが期待されています。（**7.1.6 組織の知識　7.3 認識　7.4 コミュニケーション　7.5 文書化した情報　9.1 監視、測定、分析及び評価**　参照）

2. 現場での活用の考え方

業務環境の変動に対応して、柔軟に情報管理の仕組みを改善していくことが大事です。また各種のアウトプット情報が、「検索しやすいか、分かり易いか」の視点でチェックして、必要なら改善のために関係者の話し合いの場を設けることも大事です。

第三セクション　　内部監査の指摘力、及び是正力強化の実践編

⑤ 改善のための様々なアプローチ

改善のアプローチには様々な切り口があります。以下にいくつかの例を示しますので、改善策を検討するときのヒントにしてください。

アプローチ例	内　　　容
1. 事務処理能力の向上	手順・作業の標準化、活動／作業の趣旨についての理解を深める 情報システムの活用、作業のムリムダムラの解消
2. 業務活動への貢献力の強化	情報発信力の強化（役に立つ情報（分かりやすい、見やすい）活用されやすい工夫）
3. 活動内容のレベルアップ	連携力の強化（部門間の意見交換、ホウレンソウの仕組み）

⑥ 様々な原因

改善策の検討には、原因を確実に把握する事が大切です。以下に原因の例を示しますので、考える時のヒントにしてください。

原因の例	内　　　容
1. マンネリ化	・業務環境の変化に対応していない ・アウトプットの活用が不十分 ・作業の PDCA が回らない
2. 活動のムリムダムラ	・非効率な作業 ・現場での工夫、改善が進まない
3. 連携力が弱い	・情報が閉鎖的で共有が不十分 ・情報活用の仕組みが不足
4. 情報の活用が不十分	・アウトプットの情報が活用されない ・趣旨が不鮮明な情報 ・関係者の活動のパフォーマンス向上に結びつかない

第6章　課題発見力のレベルアップ

1　曖昧な活動基準をチェックする

　現場の活動を丁寧に見ていくと、具体的な活動基準や評価基準が曖昧でパフォーマンスが低迷したり、PDCAが確実に回らないことがあります。

　活動基準が具体的で分かりやすく、また評価基準も明確であれば、現場の活動は確実にPDCAが回り、レベルアップします。

　効果的な活動のために、「活動基準や指針は具体的か」「活動の評価基準は明確か」のチェックをします。

=Point

1．現場の活動の基準が明確かをチェックする
2．現場の活動の評価基準を明確にしてPDCAを確実に回す

基準の曖昧さのチェック

```
1. 現場の活動の観察、活動記録などの確認
          ↓
2. 現場の課題の発見
  ・現場の活動が不安定、不活発
  ・「現場の活動のパフォーマンス」が分かりにくい
          ↓
3. 基準の曖昧さが活動を不十分にしていないか
  ・期待値は明確か        ・評価基準は明確か
  ・活動施策は具体的か     ・監視ポイントは明確か
          ↓
4. 必要な基準の明確化
  ・目標値、活動施策、作業基準、監視ポイント　など
          ↓
5. 活動の活性化
  ・現場の活動のパフォーマンスの向上
  ・現場の活動のPDCAが回る
```

第三セクション　　内部監査の指摘力、及び是正力強化の実践編

① 改善例

1. 課題

Ａ工場では、５年前から全ての部署で3S（整理整頓清掃）に取り組んでいる。期初には号令がかかって熱心に取り組むが、しばらく経つと元に戻って活動が停滞する傾向が毎年続いている。また各職場での取組みに差も生じている。

朝会や月例会議などで意識の浸透を図るが、「どこまで」「どのようにしたら良いのか」に戸惑う職員がいた。

活動のあいまいさが課題であることがわかった。

2. 原因

具体的な活動指針が不十分であった。

3. 影響

3S が不十分なことから発生したミスや不良などの事例が見られた。

4. 改善例

a. 3S 活動の具体的な目標や期待値を明確にした。

・各担当毎に、以下の活動を行うように指示した。

　　整理－不良品、廃棄物などの区分けを明確化する。捨てる基準や "やり方" を決めて、担当内に浸透させる。

　　整頓－部品、治工具、備品を分かりやすく識別する事例を示した。改善の提案を目標化した。

　　清掃－対象毎（ゴミ、埃、塵、汚れ）の清掃のやり方を標準化。対象毎の発生原因の解消策の提案活動を行った。

b. 並行的に 3S 活動の支援も強化した

・様々な部品や備品の検索性を向上させた

・使い勝手の良い清掃道具の購入、仕掛品などの管理保管の備品の充実

・良い事例を工場内で回覧した

・全体の活動を見える化した

5. 効果

3S への取組みが積極的になった。

② 解説　　改善のポイント

1. このアプローチの狙い

活動の基準が曖昧な場合は、活動が不活発になってパフォーマンスが低迷しがちです。活気のある職場にするために、「活動の基準や評価基準が明確になっているか」をチェックします。

2. チェックのポイント

様々な活動や作業を丁寧にチェックすることが必要です。以下のようなチェックが考えられます。

a. 活動指針や期待水準の浸透をチェック

「3S や 5S、技術習熟向上、ミスの撲滅、ホウレンソウの徹底、顧客指向の活動」などの職場全体の活動の具体的な期待や目標が明確で、PDCA が回っているかをチェックします。

b. 監視指標が有効かのチェック（必要な監視は、監視基準の甘さは、などのチェック）

様々な管理活動（日常の運用管理、予防管理、教育訓練管理　など）で、具体的な目標や監視指標が、活動の有効性や向上に貢献しているかのチェック。

少し幅広く考えれば、「顧客アンケートデータが CS 向上に結びついているか」「教育訓練などで訓練の効果を測る具体的な基準を持っているか」などのチェックなども含みます。

c. 目標活動や管理活動の施策のチェック

目標活動や管理活動の PDCA が確実に回るために、目標に加えて実施及び監視の施策も具体的に定められているかをチェックします。

d. 標準化された手順は明確で機能的か

作業の標準化が不十分で作業のバラツキなどが生じていないかのチェックをします。

3. 改善のポイント

単に基準を具体化するだけでなく、「活発で的確な活動を引き出す」ための水準や基準を設定します。

③ レベルアップするための工夫

1. 活動、作業または管理活動の期待値（実施の基準、評価の基準）を明確にすることが基本です。
2. 主観的でなく、活動を推進する最も適切な水準を設定するためには、関係者（当事者、管理者、他の関係部署）と「活動の目的や期待」について具体的な議論を深めることが大事です。

2　期待された活動かの視点でチェック・改善する

　いわゆる適合性チェックに加えて、現在の業務活動が組織の期待に応えているかどうかをチェックすることは大切です。

　現場で業績に貢献する挑戦的な活動を進めるために、トップや部門の「現場に対する期待や克服すべきと考えている課題」を理解し、実際の活動とのギャップを見つけて、必要な改善提案を行います。

　この場合の指摘の基準は、トップや部門の現場活動への期待値であり、その期待に応える活動を行うことで現場力は確実に高まります。

=Point

1．現場活動に対するトップや部門の期待値を基準に指摘・改善を行う
2．現場力（自立力、連携力など）のレベルアップを目指す

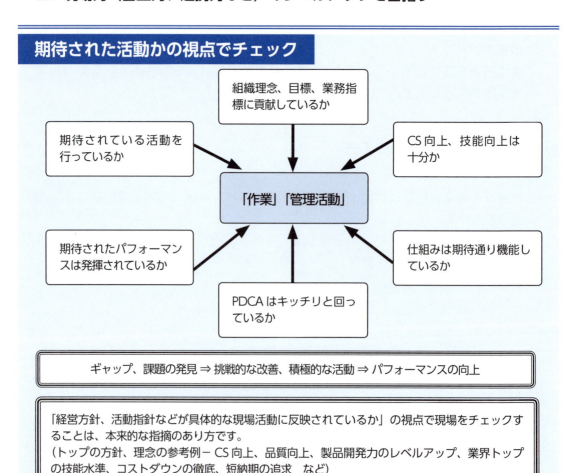

① 改善例

事例1（現場作業の課題）

1. 懸念される状況

製造部のD工程は、工程の中では比較的難しい作業を行っているが、不良率などの目標はほぼクリアしていた。一方トップの指示もあり、製造部全体で進めている「業界トップの技能水準への挑戦」のための取組みはほとんど行われていなかった。

2. 期待されている活動

市場競争力を高めるために、「業界トップの技能水準への挑戦」の取組みがトップから強く期待されている。

3. 課題

D工程では、ほぼ毎年設備が更新され、それに伴う作業変更などに努力していて、業務繁忙感から技能向上活動が展開されていないことが課題であた。

4. 原因

管理職も状況は把握していたが、業務の繁忙などから日々の対応に追われて、実際の取組みが進んでいなかった。

5. 影響

Dグループの技能水準の向上が停滞すると、製造部の中でD工程が技能向上運動のボトルネックになる恐れがあった。

6. 改善策

a. 技能水準向上活動を支える体制

D工程をサポートするために、部内で支援チームを作り、「活動を支える基礎コンテンツの作成」「技能向上のOJT支援」を行った。

b. 活動の推進

D工程では、「技能向上点の明確化、判りやすいロードマップの作成」を行い、部内の支援職員の指導を得て、技能向上活動を推進した。

c. その他

並行して、基礎技能を安定させるため、「共有すべき細かい作業ノウハウの標準化」を行った。

7. 効果

取組みが強化されて、技能水準が向上した。

第三セクション　　内部監査の指摘力、及び是正力強化の実践編

事例2（教育訓練の課題）

1. 懸念される状況

A工場の訓練センターでは入社2～3年の作業者に対する技能訓練が行われ、訓練終了後確認テストが行われている。比較的若年層の教育訓練であり、テスト結果はばらついていた。またテスト結果によるフォローの対応処置は決められていなかった。

2. 期待されている活動

「人づくりは品質活動の基本」と考え、工場内に訓練センターを設けて、工場全体の作業技能のレベルアップと製品品質の安定化を推進していた。

3. 課題

多品種化や個別の特注品の増加により作業技能が複雑化し、ミスが出やすくなる傾向にあった。

一方作業技能は訓練センターの活用によって全体はレベルアップしたが、若手作業者を中心に力量のバラツキ解消は不十分だった。

教育訓練をレベルアップするためのPDCAが十分には回っていないことが課題であった。

4. 原因

a. 訓練結果のフォローの対策が不十分であること

b. 業務変化に伴う技能の多様化への教育訓練プログラムが不十分

5. 影響

若手職員の力量のバラツキが解消されていない。

6. 改善策

a. 確認テストの結果に対するフォローアップを充実

テスト評価が低い職員には、現場でのOJT訓練をプログラム化した。

b. 訓練内容の見直し

「技能多様化の訓練内容」について、これまでの訓練結果を分析し、より細分化した内容に改善した。

7. 効果

a. 若手職員の技能のバラツキが解消された。

b. 教育訓練プログラムのPDCAが確実に回る仕組みとなった。

② 解説　改善のポイント

1. このアプローチの狙い

作業や活動が期待通りに行われているかの視点で幅広くチェックします。

例えば「トップが期待する活動が行われているか」「組織の戦略・目的に貢献する活動か」「顧客志向の活動が行われているか」などの視点です。

このような視点で現場の課題を発見し、必要な改善策を提案すれば、業務の効率性が向上し直接的に業績に貢献することになります。

2. チェックのポイント

課題を見つける基準は、トップや部門の様々な期待（会社の方針・戦略、現場での業務指針、活動指針など）で、現場で「期待を踏まえた的確な活動が展開されているか」の視点でチェックします。

例えば「PDCAは確実に回っているか」「CS向上の活動が行われているか」「管理活動、目標活動は期待された効果を上げているか」「3S、予防活動などは効果を上げているか」などの視点で幅広く現場をチェックします。

また「定められた手順や仕組みが、期待された活動を効果的にサポートしているか」の視点でのチェックも良いでしょう。

3. 改善のポイント

会社の方針、事業戦略などから見て、現場のベストな活動のために何をすべきかという視点で、多様な改善提案が期待されます。

例えば、

- ○○作業は今は表面的に問題ないが、××（例　CS向上、品質精度の向上、短納期、多品種生産、サービス力向上　など）のためには作業内容をレベルアップする必要があり、△△の挑戦を取り進める。
- ○○活動（例　予防保全、3S活動、技能水準の向上、多能工化　など）は展開されているが、活動のPDCAが回らない、またはパフォーマンスが十分に向上していない。新たに□□の視点で、△△の工夫を行っていきたい。
- ○○活動の監視は行われているが、××（例　品質向上、生産性向上）のためには△△する必要がある。
- ○○計画は展開されているが、××の会社の方針からすると、△△の観点で改善すべき
- 会社の○○の理念、方針はあるが、××現場の活動計画には、十分反映されていない。実践的に展開するには、△△が必要である。

などです。

4. 改善策の留意点

トップの期待などから見ると、現場には様々な課題がありますが、その中で優先順位をつけて重要な課題から対処することが大事です。そのためには、「課題の重要性、切迫度、取組みの容易性など」を全体として判断して優先順位を決めることが大切です。

対策を検討するときには、課題の原因（仕組みの課題、管理の課題、作業の課題、組織風土など）を分析して、多面的なアプローチが必要なこともあります。

改善提案が実効性を上げるには、まずは「必要性と現場のメリット」が共有されることが大事です。対策を一気に進めるやり方もありますが、現場の創意工夫で

第三セクション　　内部監査の指摘力、及び是正力強化の実践編

やれるところから一つずつステップアップすることも考えられます。
また単に課題を克服するだけでなく、長所を伸ばすことも大事になります。

③ レベルアップするための工夫

1. 事前の打ち合わせ会などで業務上の期待値を共有する。
2. 指摘された課題を必ず監査チームで議論して、客観的に重要性の順位をつけて、対策を検討する

④ 参考　ISO 9001 : 2015 年版 から見たポイント

組織が市場を把握し、戦略的な方針を持って事業活動を展開していくことが期待されています。それは単に経営層の活動だけではなく、現場の活動も含めた組織全体に期待されています。
システムは組織の戦略的な活動に貢献するためのものであり、現場でも具体的に実践されることが必要です。
(4 組織の状況　5.2.1 品質方針の確立　6.1 リスク及び機会への取組み　参照)
また改善への取組みは、是正処置にとどまらず、現状を打破する変更、革新及び組織再編など幅広く考えられます。**(10.1 (改善) 一般**　参照)

3 多面的に事実を確認して課題を浮かびあがらせる

現場で一見して見過ごされそうな事柄でも、他の状況と照らし合わせると、不十分な活動や仕組みの課題が浮かび上がってくることがあります。

このように丁寧に状況をチェックして、表面化していない課題を発見し改善に結びつけます。

=Point

1. 「気になる状況」を関連する物事とつき合わせて課題を発見する
2. ある程度幅広い業務経験を持つ監査員の登用

隠れた課題抽出のポイント

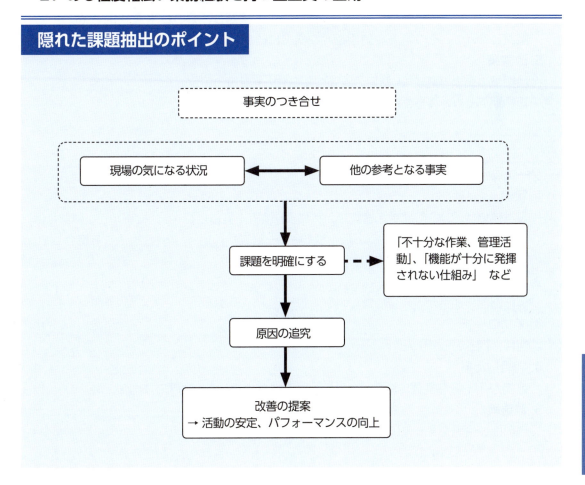

第三セクション　　内部監査の指摘力、及び是正力強化の実践編

① Fact finding（事実の突合せ）の様々な事例

ケース1
1. 状況

納期短縮目標があるが、受注書の納期欄が空白のものが散見された。
（目標と活動のギャップ）

2. 疑問点

短納期の目標活動が不十分では？

3. アプローチ

担当者へのヒアリング

4. 判明した事

日常の営業活動が繁忙で、納期は口頭ベースで確認し、その後生産状況を見ながら
調整していた。その結果短納期やCS向上に結びつかなかった。

5. 改善策

納期欄の記入の遵守 → 納期の課題の明確化 → 対策の策定。
短納期のための製造部門との連携強化

ケース2
1. 状況

資材部では、『○○部品受入検査項目』により検査を実施している。検査項目を確認し、
製造部で分析している『製造工程不良モード一覧表』の項目と突合したところ整合して
いなかった。（部門間の活動のギャップ）

2. 疑問点

両部門間の連携が不十分ではないか？

3. アプローチ

関係部門へのヒアリング

4. 判明した事

連携が不十分で別個に活動しており、受入検査のやり方が効果的でなかった。

5. 改善策

部門間の情報を共有化し、効果的な検査項目に変更した。

ケース3
1. 状況
CS調査では、製品品質の満足度が90%を超えている。一方品質クレームも最近多く存在している。(アンケート内容とクレームのギャップ)
2. 疑問点
CSの把握のやり方が不十分?
3. アプローチ
アンケート内容のチェックとクレーム内容の分析を行った。
4. 判明した事
特注品の多い大口顧客に品質不良が多く発生していた。
5. 改善策
大口顧客向けのアンケートを新たに別途作成。クレーム内容分析と対策の推進 → 不良が削減された。

ケース4
1. 状況
規定された発注書に、従来から使われていた様式の発注依頼書やメモが添付されていた。(帳票と発注活動のギャップ)
2. 疑問点
様式が使いにくいのか?
3. アプローチ
担当者のヒアリング。新旧帳票の比較。
4. 判明した事
従来の発注依頼書にあった必要な確認項目が規定の発注書に不足していた。
5. 改善策
必要なチェック項目を追加した発注書に改善した、発注ミスも減った。

第三セクション　　内部監査の指摘力、及び是正力強化の実践編

ケース5
1. 状況
外部供給者の評価結果が、全て合格ラインをすれすれ上回る所に集中していた。(実務経験と実際のデータに違和感)
2. 疑問点
実際の評価結果はもっとバラつくのでは?
3. アプローチ
関係者へのヒアリング。評価データの活用の確認。
4. 判明した事
業務目標は「外部供給者のレベルアップ」であったが、ISO 9001 のための評価との意識で、評価も形式的。その結果、評価点が合格ラインに集中。評価の仕組みが機能していなかった。
5. 改善策
業務目標「外部供給者のレベルアップ」に焦点を当てた評価項目に改善した、供給者のレベルアップにつながる活動が展開された

ケース6
1. 状況
設計・開発で日程計画を作っていた。実際の活動は、中間の工程では計画よりもかなり遅れていたが、最後の工程では日程計画通りに出荷さた。(計画と活動のギャップ)
2. 疑問点
どこかにムリがあるのではないか?
3. アプローチ
「各工程の作業状況、残業、作業ミス」などを確認した。
4. 判明した事
前半の部品加工の製造工程では工数が予定どおりであったが、後半の組み立て工程では残業が恒常的に発生していた。最終出荷は計画通りとなっていた。
5. 改善策
「工数計画の見直し、要員の再配置」を行った。各工程の実工数と計画工数のアンバランスが少なくなり、製造日程が安定した。

② 解説　改善のポイント

1. このアプローチの狙い
業務経験や他の関連する状況から考えて、何かスッキリしない事柄（偏った事柄、形式的な活動、マンネリ化、パフォーマンスが停滞している　など）があった時は、表面化していない課題があるかもしれません。

その場合は、他の状況や関連するデータを確認して比較することで、日常の業務活動の表面化していない課題を浮かびあがらせて、作業の効率化や安定性の向上に結びつく対策を検討します。

2. チェックのポイント
調べ方の例としては、

・マンネリ化したり、形式化した活動をチェックする

・関連する他の部署の業務との整合性をチェックする

・偏りのある活動をチェックする

　ーデータの偏りが放置されている ⇒ 管理活動が機能しているかをチェック

　ー標準化された業務にバラツキが見られる ⇒ 作業内容と標準化手順の整合性チェック

　ー統一的に行われている活動に部署により偏りが見られる（例えば、3S 活動など）⇒ 各部署の取組み姿勢を確認する

・活動とパフォーマンスのギャップをチェックする

　目標活動のパフォーマンスが向上しない。手順どおりの活動だが PDCA が回っていない

　などがあります。

3. 改善のポイント
現場での隠れた課題の発見と改善によって、直接的に「作業の効率性の向上」や「円滑な業務管理」が期待できます。改善については、特に「活動の偏りを直す、活動の PDCA が回るようにする、本来期待された活動に戻す」などに留意すると良いでしょう。

③ レベルアップするための工夫

1. 監査員への教育訓練
業務経験の豊富な人材の投入や、実践的な監査ノウハウを習得する教育訓練などが効果的です。

2. チーム内の議論を深める
監査チーム内で、課題の重要性を多面的にチェックすることで業務課題を深堀します。

3. 現場チェックのノウハウを集積する
社内外の様々な良い事例を共有することが全体のレベルアップのためにも必要です。監査員が事例を知ることで、その監査能力を高めることができます。

第三セクション　　内部監査の指摘力、及び是正力強化の実践編

第7章　実践的に是正力(改善力)を高めるポイント

1　課題を正しく把握する

　不適合の指摘で最も陥りがちな点は、「是正処置の対象となる課題」の把握ミスです。改善力を高めるには、まず課題を把握することが必要です。

　例えば、作業ミスがあったとして、そのミスが作業した人のヒューマンエラーだとすれば、課題は作業ミスをした作業者にあり、原因は作業者の技能の習得不足や正しく作業することの認識不足となります。そして是正処置は「作業者の教育訓練」になります。

　しかし仮に、判りづらい手順書があり、そのために作業ミスが発生したとすれば、課題は、判りづらい手順書であり、作業ミスは課題（判りづらい手順書）を示す一つのデータにすぎないことになります。そして是正処置はまず「手順書の改善」であり、次に「それを用いた教育訓練」となります。

　発生したミスが、どちらの状況かの確認が不十分なまま、ヒューマンエラーとして対処されるケースが見られます。その場合は課題の把握が不正確なために、本当の原因を潰せず、同様なミスが再発する可能性が高くなります。

　このような状況を避けるために、現場の状況を多面的にかつ丁寧にチェックする必要があります。

Point

1. 作業ミスやルール違反は、「是正処置の対象となる課題」を示す一つのデータであると考える
2. 課題を的確に判断するための情報を幅広く集める
   (類似事例、類似ヒヤリ・ハット事例、影響　など)

課題追究のポイント

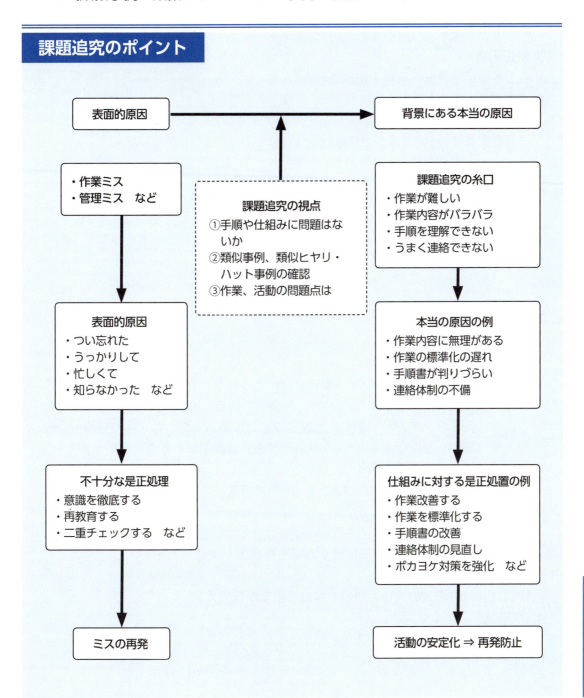

第三セクション　　内部監査の指摘力、及び是正力強化の実践編

① 事例の研究

a. 不十分な是正処置の事例

1. 不適合
在庫置き場で、製品上部に貼付している「製品タグ票」に必要な項目である入庫年月日の記録が記入されていない例があった。

2. 原因
担当者が記入することを忘れた。

3. 是正処置
担当者に手順遵守の意識を徹底させた。

4. 効果確認
是正処置が実施された直後のチェックでは遵守されていたが、翌月のフォローアップ監査で一部で未記入が再発していた。

b. なぜ問題が再発するのか

　課題が正しく把握されないために、是正処置が不十分だったと考えられ、本当の課題を追究することが必要です。

c. 課題の追究と是正処置

1. 課題
現場の他の作業者への確認で、「記入を忘れそうになったことがある。」と話した人が一割程度いた（類似ヒヤリ・ハット事例の調査）。更にヒアリングを行ったところ、製品のタグ表が小さくて記入しづらいので、多忙なときはついうっかり記入漏れをしそうになっていた。「製品タグ表」に課題があることにがわかった。

2. 原因
「製品タグ表」が小さくて記入しづらいので、記入ミスが発生した。

3. 是正処置
　a. 帳票の改善
　「製品タグ表」の「入庫年月日」の欄を現状より大きくして記入しやすいようにした。
　b. 入庫年月日記入の趣旨の理解を深める講習を行った。

4. 効果確認
帳票の改善により、記録の記入ミスはなくなった。

② 解説　改善のポイント

1. このアプローチの狙い

「ハンダがうまくつかない」などの技術的なミスの場合、解決しなければならない課題は「ハンダがつかないこと」であり、この原因を追究するには、例えば「特性要因図」などを活用しながら、「なぜなぜ」の仮説検証を積み重ねていけば、ある程度確実に原因追究の道を歩いていけます。

一方「手順が遵守されない」などの仕組み上の課題は、例えば原因が「遵守しない作業者」にあるのか「作業者をうまくサポート出来ない手順書」にあるのか、それとも他の原因があるのかを判断するという、ややわかりづらい道筋を乗り越えていかなくてはなりません。

原因を正しく把握するためには、現場の状況を丁寧に幾つかの面からチェックし、背景にある仕組みや起因する原因を追究する姿勢と、追究のためのノウハウが大切になります。

2. チェックのポイント

発見された不適合は是正処置の対象となる課題を示す一つのデータに過ぎない場合がほとんどです。

課題の中に潜んだ本当の原因を探すためには、幅広く発見された不適合に関連する活動の内容を確認することが大事です。

例えば、「類似の不適合の事例、類似のヒヤリ・ハット事例を探す」「手順書などの仕組みが役に立っているか確認する」「関係者のヒアリングから更に隠れている問題点を探る（作業がしづらい、手順や指示書がわかりにくい、帳票が使いづらい、作業をサポートする道具類が使いづらい、連絡が悪い　など）」などの情報収集を行います。

現場の状況を多面的に確認すれば、「発見された不適合」が偶発的なものか、または仕組みに起因する原因があるのかが見えてきます。

仕組みに起因する原因（例えば、作業の課題、手順の課題、管理面の課題、教育訓練の課題　など）があると考えられる場合は、集めた情報をベースに、本当の原因を追究することも容易になります。

一見大変な作業のように思えますが、実際には現場での聞き取りや確認が中心ですから、それほど難しいことではありません。現場の担当者にとってはむしろわかりやすいアプローチです。

3. 改善のポイント

不適合の背景にある仕組みに起因する原因を発見することができれば、「作業を支える仕組み」をより強くする是正処置（改善策）が期待できます。

2 是正力（改善力）強化のポイント

的確に現場の課題とその原因を把握した上で、現場に最も適切な是正処置を実施することが必要です。そのためには以下のように現場の状況をもう一度整理・確認して、ベストな是正処置を選択します。

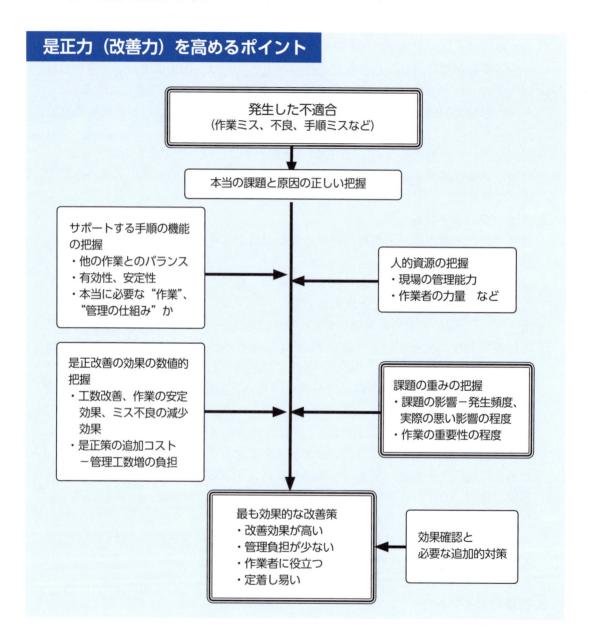

是正力（改善力）を高めるポイント

3 原因を潰さない管理強化だけの対策をやめる

　不適合の是正処置として、「当然実施すべきことを行わなかったのだから」という理由で、手順を確実に実施するための管理面の強化（スケジュール管理の強化、ダブルチェック　など）だけが行われるケースが見られます。このようなケースは本当の原因が未解明であることが多く、課題の再発や過重な仕組みを作る原因にもなりかねません。

　手順未遵守の本当の原因を把握するために、「活動の実態、現場での本音のヒアリング、影響の程度」などを丁寧にチェックします。現場活動の実態を把握することで本当の課題が浮かび上がり、（その原因を潰す）的確な改善策を提案できます。

=Point=

1．「定められた当たり前のこと」を行わない本当の原因を追究
2．現場の実情を丁寧に確認して、きめ細かな対策と工夫

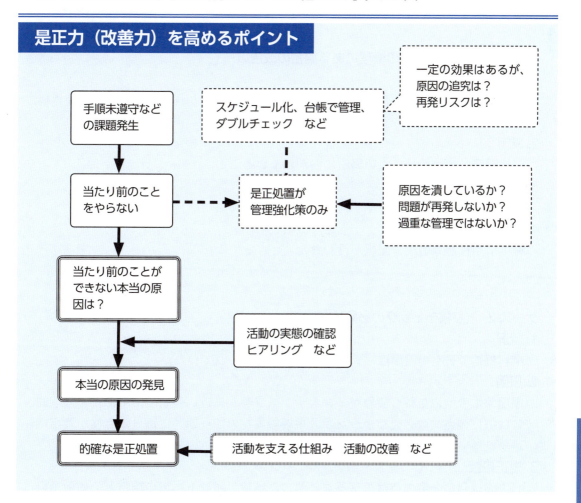

是正力（改善力）を高めるポイント

第三セクション　　内部監査の指摘力、及び是正力強化の実践編

① 不十分な是正の事例（1）

1. 不適合
A班では、主要設備について毎日点検して、点検記録をつけることになっていたが、C設備については、点検記録が時々記入されていなかった。
2. 是正処置
手順遵守のために担当者と班長のダブルチェックを行うこととした。
3. 効果確認
指摘された直後は点検記録を記入していたが、しばらくすると記入されないミスが発生。

このように、点検記録の記入漏れの原因追究が行われず、管理面だけを強化しても、再発のリスクが残ります。よって以下のケースのように本当の原因を確認した上で、原因を潰す対策を進めることが必要になります。

対応策

ケース1　（原因が帳票の管理にある場合の改善策）
1. 状況
C設備は、点検記録の台帳が取り出しにくい場所に置かれていたので、設備点検を行っても記録をうっかり忘れる事が多かった。
2. 原因
点検記録台帳が使いにくい場所におかれていること。
3. 是正処置
点検記録台帳を取り出しやすい場所に置くことにした。
4. 効果確認
確実に点検記録台帳の記帳が行われた。

ケース2　（点検チェックの必要性が脆弱）
1. 状況
業務繁忙で日々の設備点検チェックが時々忘れられていた。
2. 原因
業務繁忙の他、当該C設備がメンテナンスフリーに近い最新設備であり、機能的には毎日の点検は必要なかったが、主要設備なので一律的に毎日の点検が義務付けられていたこと。
3. 是正処置
C設備は月に一度の点検チェックとして、点検ポイントも重点項目とその他項目に分けて点検した。

4. 効果確認

以後確実に点検が行われようになった。確実な点検により異常があった場合は、早期に発見されている。

② 不十分な是正の事例 (2)

1. 不適合

現場のミスについて、不適合報告書の作成・報告が必要であった。しかし不適合報告書の未作成や、または不適合報告書が決められた期間内に報告されないケースが幾つか見られた。

2. 是正処置

課内の各班長が必ずリーダー会議などで進捗管理するようにした。

3. 効果確認

毎月のリーダー会議で進捗管理を行ったが、業務繁忙などを理由に提出遅れが続いている。

a. 何が問題か

「不適合報告書の提出が遅れる」本当の原因を確認せずに、進捗管理面だけの強化に終わっている。そのため原因が除去されていないと考えられる。

b. 状況の把握と原因の追及

各担当者及び各班のリーダーに、何故不適合報告書が遅れるのかをヒアリングした。その結果是正処置の理解が不十分で、またヒューマンエラー的な不適合が多く、原因追究がうまく出来なかったことから不適合報告書の提出が遅れた。

c. 判明した原因と効果的な是正処置

1. 状況

不適合の原因追究がうまくいかず、不適合報告書の提出が遅れた。

2. 原因

是正処置の考え方の理解が不十分であったこと。

3. 是正処置

a. 是正処置の狙いの理解を深める勉強会の開催
　（原因追究の考え方、仕組みの機能の理解、影響を勘案した対策　など）
b. ヒューマンエラーへの対策の具体的な改善事例などを学ぶ講習会の実施

4. 効果確認

必要な対策が実施され、職員の理解が深まった。不適合報告書の提出期限の遅れも解消された。

第三セクション　内部監査の指摘力、及び是正力強化の実践編

③ 解説　改善のポイント

1. このアプローチの狙い

ミスや間違いが発生した時に、「決められた当たり前のことをやらないのだから」と考えて、本当の原因を追究せずに管理強化策だけを決めることがあります。

その場合は、隠れている本当の原因が解消されずに管理強化策の負担感だけが増えたり、逆に該当の活動がさらに不安定化する恐れがあります。

まず原点に立ち返って、現場の実際の活動内容を丁寧に確認して「当たり前のこと」を行わない本当の原因をチェックする必要があります。

④ レベルアップするための工夫

1. 作業や業務内容を具体的に把握する

現場の活動を確実に把握することが基本です。そのためには「仕組みは活動を確実にサポートしているか」「現場作業と仕組みにギャップはないか」「作業環境に問題はないか」「本音の理由は」「活動にムリムダムラはないか」などのチェックによって活動の実態を把握し、本当の原因を浮かび上がらせます。

2. 効果的な改善策の選択

多くの場合、「やり方や手順の改善」「ノウハウの共有」「標準化の推進」「仕組みの理解」「技能の習得」などの対策またはその合わせ技になります。

また課題の影響を皆で共有すれば、過剰な管理手順を回避する機能的な仕組みを作り出すことができます。

4　ミスリードを防ぐ是正処置報告書について

　是正処置報告書の内容をレベルアップして、発見された不適合に対して仕組みに起因する本当の原因を見つけ出し、是正処置を正しく実施する力を強化することが考えられます。

　もちろん単に様式だけを変更しても、原因を見つける実力が向上するわけではありません。個々の内部監査員の力量を向上させる教育訓練とバランスをとった上で、様式変更などの改善に取り組むことが大切になります。

=Point

1．原因追究の道筋を様式に組み込む

2．不適合を引き起こした［仕組み］を明らかにする

是正処置の課題と是正処置報告書のレベルアップの狙い

1．現状の是正処置の課題
・是正処置が手直しや修正にとどまっている
・例えば、記録の不備などの不適合に対して、記録を後から記入すれば是正が完了するとの誤解も見られる

2．是正処置報告書のレベルアップの狙い
・表面的な課題の背景にある本当の原因を追究する道筋を明示する
・不適合を引き起こした仕組みに起因する原因（本当の原因）を明確にする
・再発を防止する確実な是正処置を策定する

第三セクション　　内部監査の指摘力、及び是正力強化の実践編

① 様式改善の例

1)　良くある是正処置報告書の記載例

> 1．不適合
> 　「…が未実施。記録がない…ミスが発生した」など
> 2．原因
> 　「不注意、たまたま、理解不足」など
> 3．是正処置
> 　「すぐ実施する。趣旨を徹底する」など

このようなケースは、修正や手直しに近いものと考えられます

2)　改善型の是正処置報告書の例

> 1．要求事項や基準の引用
> 　…では、○○と決められている
> 2．観察された証拠
> 　・△△△が実施されていなかった
> 　・△△△を報告した証拠がない
> 　・△△△などのトラブルが発生した　など
> 3．不適合
> 　観察された証拠から、「…」の仕組みに課題があると考えられる。
> 4．影響
> 　「…」の仕組みが機能していないことは、□□□に影響する（可能性がある）。
> 5．原因
> 　…の仕組みが機能していない原因は、××である。
> 6．修正
> 　○○○をすぐ実施した。○○○を徹底した。
> 7．是正処置
> 　□□への影響を考慮して、××の原因を取り除くため、○○の処置を行う
> 8．効果確認の結果
> 　…の仕組みが機能したので、△△の事象は発生しなくなった。
> 　その結果、作業や活動が安定して、パフォーマンスが向上した。

② 狙い

実際に使われている是正処置報告書の内容を確認すると、実質的に修正や手直しに近いものが見られます。これは内部監査員や被監査部署の担当者などが、不適合を引き起こす背景にある仕組みに起因する原因の追究に不慣れであることが大きな原因であると考えられます。

この状況を改善するには、ISO 9001 の基本的な考え方の理解を深めることや、是正処置の良い事例を学習して、その改善能力を引き上げることが大切になります。

その上で、既に述べたような是正処置報告書の様式を活用することで、本当の原因を追究する能力を高めていくことが一つの方策として考えられます。

③ 導入の留意点

ただし是正処置報告書の様式を変更するだけでは不十分です。被監査部署の改善能力や内部監査員の力量を向上させる教育訓練が確実に行われ、改善のための内部監査への理解が深まることが前提となります。

つまり内部監査員や被監査部署において、内部監査の実力（課題の把握力や、原因追究力の向上、是正処置の提案力のレベルアップ）が育ってきたときに、さらにその実力を伸ばす目的でこのような様式の採用を検討すれば良いでしょう。

5 効果確認で是正処置の定着度を高める

是正処置の効果に関して、「是正処置が時間を経ると実施されなくなる」、または「是正処置を積み重ねていくと管理の仕組みが重たくなりすぎる」などの意見が聞かれます。

その原因は様々ですが、「日常業務の中で是正処置が定着しているか、効果を上げているのか」を確認して、定着していない場合は必要な追加の改善策を検討します。

=Point=

① 効果確認やフォローアップ監査によって、定着のために必要な追加の改善策を
② 一年毎にまとめて年間の是正処置の定着度の再チェック

是正処置の定着度を高めるために

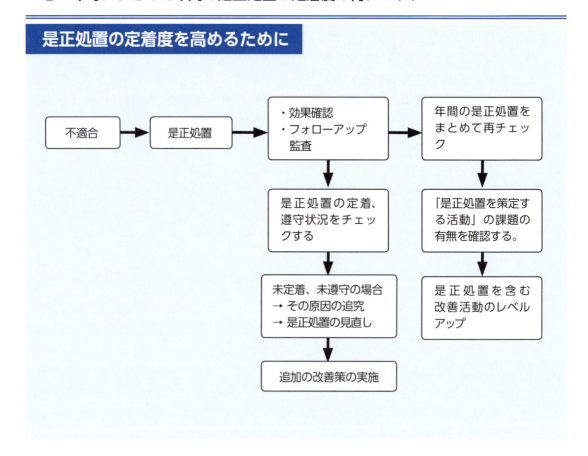

参考　是正処置が未定着、未遵守な場合の原因
・不適合の原因の追究が不十分　　・影響のチェック漏れ
・仕組みの過重感　　　　　　　　・遵守意識が不十分
・仕組みの実際的な使いやすさに欠ける　・複合原因をつぶしていない
・業務繁忙を考慮していない　　　・課題の把握ミス　など

6 是正処置の報告　～マネジメントレビューへのインプット

まずは現場で改善策を話し合って効果的な是正処置を決めて実施します。

その後、順次上のレベルに報告し、各レベルで新たな経営資源投入の必要性の可否も含めて対応を検討し、組織にとってのベストプラクティスの対策を深めていくことも大切です。

Point

1. まずは現場で考えられるベストな是正処置の策定が大切
2. 次に各レベル（部門レベル、経営レベルなど）で是正処置を確認して、必要な場合は追加の是正処置を決定する（マネジメントレビュー）

是正処置の報告とレベルアップ

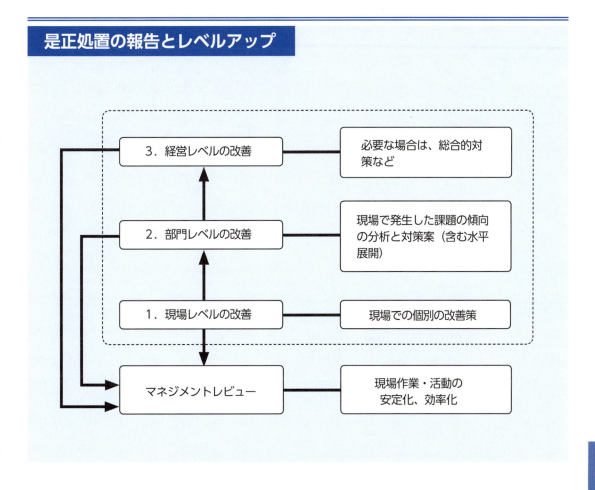

巻末付録

「ISO 14001：2015 年版と内部監査」

　巻末付録として、JQA の e ラーニングサービス「ISO 14001 内部監査員 2015 年版移行コース」で使用している教材を掲載します。

　本教材は ISO 14001：2004 年版の内部監査員の方が ISO 14001：2015 年版を理解するにあたり、押さえておくべき重要なポイントをコンパクトにまとめたものです。規格の解説については、要求事項を順を追って説明するという解説が一般的ですが、ここでは、ISO 14001：2015 年版規格の中で特に重要なポイントを 6 つ挙げ、そのポイントに関連する要求事項を紹介する、という形をとっています。こうすることで、規格の細かな変更点に囚われるのではなく、ISO 14001 規格の意図、及び環境マネジメントシステムを活用するうえで重要なポイントが見えてきます。

巻末付録

1 | 改定の趣旨、内部監査の狙い

1（1）環境の保護

　あなたは環境マネジメントシステムの内部監査員を楽しんでいますか。YES、と大きな声で答えられる人は少ないかもしれません。しかし組織のあらゆる活動を通じて、地球環境の保護や持続可能な社会の実現に向けた世界の動きとの接点を持てるということは、素晴らしいことではないでしょうか。このような大きな視野で組織の活動をチェックしていくことを忘れないようにして、これから環境マネジメントシステムの内部監査のポイントを学んでいきましょう。

　環境マネジメントシステムを地球規模の環境問題の解決の一助として取り組む、というと少し話が大きすぎるでしょうか。しかし、すべての企業活動は、現在私たちが環境課題としてとらえていることと何らかの因果関係を持っています。

　ISO14001 の **5.2 環境方針** の注記の中でも、環境課題として次の 3 つが述べられています。

気候変動の緩和及び気候変動への適応

　地球温暖化とは、社会のさまざまな活動の結果、排出される温室効果ガスの大気中の濃度が増加して、気温が上昇していることです。その結果、海面の上昇、海水温の上昇、気候変動の激化など、私たちの生活を脅かす影響が多方面に生じています。温室効果ガス排出規制のためのパリ協定が 2016 年に発効しました。これに基づき各国は排出量削減の目標を定め、それを守る取り組みを開始しています。排出量の多い少ないに関わらず、企業活動に伴う排出量は規制の対象となり、排出量は重要な環境パフォーマンス指標となります。

持続可能な資源の利用

　温室効果ガスの代表である二酸化炭素は、エネルギー源として使用される化石燃料の燃焼によって生じます。化石燃料を採掘し、燃焼して、二酸化炭素を排出し、それが大気中に蓄積される、というのは一方通行の流れであり、先に述べた地球温暖化とともに天然資源の枯渇を招きます。このように一方通行の流れとなっているものはこれに限りません。いわゆる廃棄物が処理されずに蓄積されていく問題は、全て同じです。企業活動に伴うエネルギーの使用を減少させるだけでなく、再生可能エネルギーに転換していくこと、また社会に提供する製品にリサイクルやリユースの性能を付加することが、持続可能社会への貢献の第一歩となります。

生物多様性及び生態系の保護

　生物多様性や生態系の保護と企業活動の関連は見えづらいかもしれません。しかし、仕事で使う紙は全て森林資源を利用しており、熱帯雨林の減少はパルプ原料としての森林伐採と関係しています。食糧の増産だけでなく植物性油脂増産のための農耕地の拡大も野生生物の減少につながっています。また海洋開発が海洋生物の生存を脅かしています。目の前の企業活動で使われる原料をその起源まで遡って、また生産された製品をその廃棄の先まで辿って、森林や海洋とそこに棲息する生物に想いをめぐらすことも時には必要です。

環境の保護

内外の課題と環境状態 (4.1)

組織に影響を与える環境状態の例	組織の内外の課題の例
気候変動による豪雨、洪水	原材料の価格高騰、サプライチェーンの寸断、エネルギーコスト上昇、生産拠点見直し、物流ルート見直し
生物多様性の喪失	資源入手の困難性、原材料の価格高騰、原材料の代替化
資源枯渇	生産工程で使用する化石燃料、水資源などの調達

環境保護へのコミットメント (5.1)

汚染の予防 持続可能な資源の利用 気候変動の緩和及び気候変動への適応 生物多様性及び生態系の保護	組織の活動、製品、サービス、立地条件、規模などを考慮

持続可能な社会の実現

巻末付録

1 (2) 環境マネジメントシステム規格の改定

　なぜ今回 ISO14001 規格が改定されたのか、その最も簡単な答えは、「ISO14001 は、もともと定期的な見直しと改定がプログラムされているから」ということになります。ご存知のように前回の改定は 2004 年でした。

　今回は特に、ISO がマネジメントシステムの共通要素を制定したことにより、要求事項を全て書き直すという変化の大きな改定となりました。

　共通要素とは、全ての ISO マネジメントシステムの構造つまり章立てを共通化しよう、というものです。そのため、ISO14001 だけでなく品質マネジメントシステムである ISO9001 や、情報セキュリティマネジメントシステムである ISO/IEC 27001 など、複数の規格を統合して運用する場合の助けになります。これはユーザーとしても便宜性が高まります。

　また、共通要素にはリスク及び機会への取組み、パフォーマンス評価といった要求事項を、従来の PDCA サイクルやプロセスアプローチとともに規格に組み入れています。新しい ISO14001 ではプロセスという言葉が多用されていることに戸惑いを感じるかもしれません。これも共通要素を意識した部分ですが、ISO9001 では 2000 年版から採用された用語です。プロセスは従来の規格の「・・・の手順を確立し、実施し、維持すること。」という部分に該当し、手順はプロセスを管理する一要素です。要するにプロセスとは「・・・の仕組みを作り、PDCA をまわす。」ということです。

　共通要素から採り入れられたもうひとつの大事な点は、本来の業務の中に ISO マネジメントシステムを取り込んで活動するということです。実務とマネジメントシステムが二重化したり、仕組みが形骸化している活動を ISO は求めていないことを明確に打ち出しています。あなたの組織には、環境マネジメントシステムは通常業務とは別の活動、という認識がありませんか。もしそうであれば、トップマネジメントの意向も汲みながら、少しずつ本来業務の中の環境活動にシフトしていきましょう。この時に内部監査が効果を発揮します。

214

事業プロセスと ISO 14001 要求事項との関連

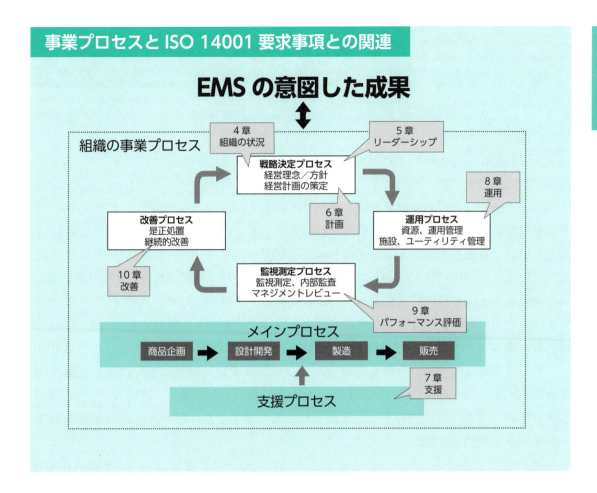

1（3）環境マネジメントシステムの内部監査

　内部監査員は、冒頭で述べたように、地球環境の保護に想いをめぐらすことが必要です。
　また、新しい規格に組み込まれた要求事項を理解することも重要です。しかしそれは、窮屈な仕組みの押し付けではなく、日常の業務の中に潜むムリムダムラの排除を通した改善活動と同じ方向性を持つものです。もし、あなたの組織が ISO9001 品質マネジメントシステムを導入しているのであれば、環境と品質を同時に監査することをお勧めします。環境マネジメントシステム単独であっても、環境活動の結果を規格中心に記録で追いながら監査を進めるのではなく、日常活動を中心に環境への目的と成果を確認しながら監査を進める方法を少しでも学んでいただきたいと思います。

巻末付録

2 | 戦略的な環境マネジメント

2（1）組織の事業戦略と整合のある環境マネジメント

　2015 年版の ISO 14001 序文 0.3 成功のための要因 には、環境マネジメントシステムの成功は組織の全ての人々のコミットメントにかかっており、そこにはトップマネジメントのリーダーシップが必要である、と書かれています。ここからは、トップマネジメントが事業戦略の中に環境課題を織り込んで組織をリードし、組織の人々は日常的に環境との関わりを強く認識して業務を遂行するという姿が浮かび上がります。事業全体にわたって環境に配慮し、環境パフォーマンスの向上をめざす、いわゆる環境経営の実践です。この時に重要なことは、環境経営によって組織が何をめざすのか、つまり環境マネジメントシステムを使ってどのような成果を得るのか、ということを、トップマネジメント自らが環境方針や環境目標を使ってできるだけ具体的に示すことです。2015 年版の ISO 14001 はこれを「意図した成果」と呼んでおり、この言葉は 4.1 組織及びその状況の理解 に出てきます。つまり、環境マネジメントシステムの「意図した成果」の達成を、トップマネジメントのリーダーシップのもと、組織全員で取り組むことになります。内部監査では、その取組みを評価します。

　組織の環境マネジメントシステムを考える時にもう一つ大事なことは、その適用範囲です。

　適用範囲の第一は組織的な範囲を考慮します。会社組織全体なのか、一部なのか、一部である場合はどの範囲か、ということです。組織の環境経営の推進を前提に考えると、会社組織全体を適用範囲とするのが理想でしょう。しかしそれにこだわる必要はありません。工場長をトップマネジメントとして、工場単位の適用範囲であってもよいわけです。

　次に物理的な範囲を検討します。これは、事務所、工場などの施設とその敷地境界を定めることになります。借地、借家、テナントオフィスなど組織の所有物でなくても、管理しなければならない責任の範囲を示す必要があります。その他に、行政との関係や、関連法規に定められた管理境界が物理的な範囲を決めることになります。組織的、物理的な範囲が決まると、そこに含まれる全ての活動とそこで扱う全ての製品及びサービスを適用範囲に含む必要があります。あなたの組織の環境マネジメントシステムの適用範囲は明確になっていますか。ISO14001 の要求事項の中で「製品及びサービス」と言った時に、あなたの組織では何を意味するか理解できましたか。

　4.3 環境マネジメントシステムの適用範囲の決定 では、決定にあたって a) 4.1 に規定する外部及び内部の課題、b) 4.2 に規定する順守義務、e) 管理し影響を及ぼす、組織の権限及び能力 を考慮しなければならない、としています。

内部監査のポイント

○**マネジメントシステムの監査で**

・環境マネジメントシステムが目指すところの成果について明確なビジョンがある。**4.1**
・そのビジョンの実現に向けた、内部及び外部の課題が明らかになっている。**4.1**
・環境マネジメントシステムに関連する利害関係者のニーズ及び期待が明らかになっている。**4.2**
・環境マネジメントシステムの適用範囲及び境界が明確になっている。**4.3**
・環境方針を確立し、実施し、維持している。**5.2**
・環境マネジメントシステムに関連する利害関係者のニーズ及び期待の変化をマネジメントレビューで考慮している。**9.3**
・組織の戦略的な方向性に関する示唆がマネジメントレビューのアウトプットに含まれている。**9.3**

2（2）リーダーシップ

　ISO 14001：2015 年版の序文 **0.3 成功のための要因** では、環境マネジメントシステムの成功はトップにかかっていることが強調されています。組織の活動に伴う有害な環境影響を防止又は緩和することや、リスク及び機会に効果的に取り組むためには、トップ自らがリーダーシップを発揮することが必要であると示されています。

　5.1 リーダーシップ及びコミットメント では、トップマネジメントが環境マネジメントシステムの有効性について説明責任を負うことや、組織の戦略的方向性と両立した環境方針、環境目標を設定し、組織の事業プロセスへの環境マネジメントシステム要求事項の統合を確実にすることなどを要求しています。

　5.2 環境方針 では、トップマネジメントが、組織の目的及び組織の状況に沿って環境方針を確立することを要求しています。さらに、具体的な形で組織の意図・方向付けを示し、関連する部門・要員に共通認識を持たせ、彼らの考え方や行動などに反映させることを要求しています。

　5.3 組織の役割、責任及び権限 では、従来の「管理責任者」という用語は削除されましたが、トップマネジメントの責任において同等の役割責任を割り当てることを要求しています。その役割を与えられた者に対しては環境マネジメントシステムのパフォーマンスに関する状況を報告するための知識や力量が求められます。

巻末付録

リーダーシップ

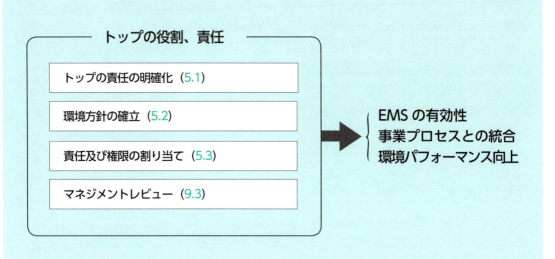

内部監査のポイント

○それぞれの部署やプロセスの監査で
・環境マネジメントシステムに必要な資源が利用可能になっている。**5.1**
・環境マネジメントシステムにおける管理層のリーダーシップと役割を支援するトップマネジメントの姿勢が伝わっている。**5.1**
・順守義務を満たすこと、及び環境パフォーマンスを向上させることについて、トップマネジメントの方針が組織内に伝わっている。**5.2**
・環境方針が組織内に伝達されている。**5.2**
・環境マネジメントシステムに関連する役割に対して、責任、権限が割り当てられている。**5.3**

○マネジメントシステムの監査で
・トップマネジメントが環境マネジメントシステムの有効性に責任を持っている。**5.1**

2（3）環境パフォーマンスの重視

2004 年版までの ISO 14001 は、「環境負荷を軽減する仕組みを継続的に改善する」ことに重点を置いた環境マネジメントシステムでした。2015 年版では、さらに序文 0.2 環境マネジメントシステムの狙い に、実効性のある活動により「環境パフォーマンスを向上させる」ことを重視する、という方向性が追加されています。

組織の環境パフォーマンスを評価するためにはパフォーマンス指標を使います。パフォーマンス指標は、環境影響を評価する中で、その影響度を示す指標として出てきます。9.1.1（監視、測定、分析及び評価）一般 の要求事項に従って、これらの指標は常に監視測定され、その結果が分析評価されます。従来の規格においては、監視測定する対象は「著しい環境影響を与える可能性のある運用のかぎ（鍵）となる特性」となっていましたが、新しい規格では「環境パフォーマンスの指標を決めて、それらを監視測定する」となっています。従来の「鍵となる特性」よりも監視測定する対象が広がったと解釈できます。

「環境パフォーマンスの向上をめざす」わけですが、全ての環境パフォーマンス指標を常に向上できるとは限りません。しかし、主要な指標や重点的に取り組むと決めた指標は向上していることが望ましいことはいうまでもありません。これら主要なものは 6.2 環境目標及びそれを達成するための計画策定 の要求事項に従って、環境目標としてその達成に向けた取組みが行われるでしょう。

環境パフォーマンス指標は、環境マネジメントシステムの適用範囲に応じて適切なものを考える必要があります。

例えば、組織が工場や事業所単位で環境マネジメントシステムの適用範囲を設定している場合、それぞれの工場や事業所の敷地を中心に、温室効果ガス排出量や排水の水質など、そのサイトの環境負荷のみを環境パフォーマンス指標と捉えがちです。そのため、原材料から製品に至るサプライチェーンや、組織の事業活動全体から見た製品の生産や移動に伴う温室効果ガスの排出など、2015 年版がめざすトータルな意味での環境負荷を環境パフォーマンスとして捉えることができない可能性があります。このようなケースでは、バリューチェーンの上流、下流とのコミュニケーションにより、「影響を及ぼすこと」による成果を示す環境パフォーマンス指標を検討する必要があります。また、適用範囲に本社を組み入れることにより、会社全体の環境経営の視点から環境パフォーマンス指標を捉えることができます。

組織が意図した環境マネジメントシステムの成果を効果的に判断するためには、様々な形で環境パフォーマンスを指標化して把握することが必要となります。

巻末付録

環境パフォーマンスと PDCA

EMS の意図した成果 ⇨ 環境パフォーマンスの向上 (4.4/10.3 ほか)

Plan
取組みの有効性の評価 (6.1.4)
プロセスに関する運用基準の設定 (8.1)
指標を設定し、計画段階で結果を評価する方法を策定 (6.2.2)

Do
6.1、6.2 で計画した取組みの実施、運用管理 (8.1)
運用基準に従った、プロセスの管理の実施 (8.1)
関連する環境パフォーマンス情報を内外へコミュニケーション (9.1.1)

Check
環境パフォーマンスの監視、測定、分析、評価 (9.1.1)
環境パフォーマンス、EMS の有効性の評価 (9.1.1)

Act
組織の環境パフォーマンスに関する情報を MR で考慮 (9.3)
環境パフォーマンスを向上させるために EMS を継続的に改善 (10.3)

環境パフォーマンス指標の例

資源・エネルギー
- 年単位又は製品単位当たりのエネルギーの使用量
- サービス又は顧客当たりのエネルギーの使用量
- エネルギーの種類ごとの使用量

材 料
- 製品単位当たりに使用する材料の数
- リサイクル材料、再使用材料、処理済材料の量
- 製品単位当たりに使用する包装材料の量、再使用包装材料の量

製 品
- 有害物の含有を減らして市場に導入した製品の数
- 製品中のリサイクル材料の含有率
- 欠陥製品の率、製品の使用寿命

サービス
- 平均燃料使用量、輸送の効率化 (輸送サービス)
- 環境保護への投資、融資 (金融)
- 食品廃棄物の減量化、堆肥化、リサイクル率 (レストラン)

内部監査のポイント

○それぞれの部署やプロセスの監査で

・環境パフォーマンスとして監視・測定が必要な対象 (環境パフォーマンス指標) を決定している。
  9.1.1

・監視・測定した環境パフォーマンスを評価及び分析している。**9.1.1**

○マネジメントシステムの監査で

・環境マネジメントシステムの有効性を評価している。**9.1.1**

・環境パフォーマンスの監視、測定、分析及び評価の結果をマネジメントレビューで考慮している。**9.3**

・環境パフォーマンスを向上させるために、環境マネジメントシステムの適切性、妥当性及び有効性を改善している。**10.3**

2 (4) 環境目標

　環境目標は環境パフォーマンスの一部を取り上げて、達成すべき到達点を示したものといえます。つまり、環境パフォーマンス指標のうち、特に改善を必要とする重要なものについて、達成すべき到達点を示し、それに至る改善策を計画して実施するのが環境目標です。

　環境パフォーマンス指標には様々なものがある、と先に述べましたが、それらは個々バラバラに存在するのではなく、多くのものは互いに関連しています。

　6.2.1 環境目標 では、関連する機能、階層において環境目標を確立する、とあるように、全社的な環境目標や組織としての環境目標は、それを部や課に展開し、続いて現場単位や場合によっては個人単位の環境目標へと展開されていきます。このように展開する時に、下位の目標を達成することが上位の目標達成につながるように、関連付けていきます。

　目標は、単に目標値を設定するだけで終わりではありません。**6.2.2 環境目標を達成するための取組みの計画策定** にあるように、目標を達成するための計画が必要です。現場で展開されている環境目標及びそれを達成するための計画が、どのように実施されているのか、続いてどのように監視・測定されて達成度を分析・評価しているのか、について内部監査では意識してください。

　環境目標は、次の章で述べるリスク及び機会への取組みの一環でもあります。環境目標として取り上げることにより、本当にそのリスクは低減したか、又は、その機会を活用したか、ということを監視・測定することが可能となり、結果として取組みの有効性をチェックすることにつながります。

221

巻末付録

全体最適を目指す取り組み

```
会　社
事務所
部
課
職　場
個　人
```
→
```
会社としてのビジョンの実現
環境マネジメントシステムの成果
全社的な環境目標
　　　　　↑
全体最適の
取組み効率化の追求
個々の職場の環境目標
```

内部監査のポイント

○それぞれの部署やプロセスの監査で
・部署や階層で環境目標を確立している。**6.2.1**
・確立した環境目標は環境方針と整合しており、測定可能である。**6.2.1**
・環境目標を達成するための取組みの計画がある。**6.2.2**
・環境目標を達成する取組みは、事業プロセスに統合して実施している。**6.2.2, 8.1**

○マネジメントシステムの監査で
・環境目標が達成されたかどうかについてマネジメントレビューで考慮している。**9.3**
・環境目標を達成していない場合は、その処置を決定している。**9.3**

3 リスク及び機会への取組み

3（1）リスク及び機会への取組み

　リスクとは「不確かさの影響」と定義される（用語及び定義 3.2.10）ように、現在の不確かさが、将来もたらすであろう影響のことです。この場合の影響は予想より好都合な影響もあるし、不都合な影響もあります。従来のリスクはこのうち不都合な影響のみを扱ってきましたが、ISO の定義ではリスクには好都合と不都合の両方向の影響があるとしています。

　一方、機会についてはさまざまな議論があります。ISO14001 の中では、好都合な影響のことであるという割り切りをしているようにも読めます。しかし、リスクとは別のものと考えると、リスクへの取組みが将来に対する備えであるのに対し、機会への取組みは、今やるべきことの決定である、といえます。

　6.1.1（リスク及び機会への取組み）一般 にあるように、リスク及び機会への取組みは、従来の規格における著しい環境側面の取組みや順守義務への取組みにおいて、すでに一部は実施されていることになります。従って、新しい規格への対応としては、環境マネジメントシステムの成果の達成に関するリスク及び機会を高いレベルで捉え、取組む必要のあるものを決定していくことになるでしょう。決定の際は、4.1 や 4.2 で決定された組織の状況 や利害関係者のニーズ・期待に伴う課題に優先順位をつけて、組織として

リスク及び機会への取組み

■ 従来の ISO14001 は、主に「著しい環境側面」を重点管理
　→ 外部に対する環境影響を軽減することにフォーカスしていた
■ 2015 年版は、さらに広範囲な「リスク及び機会」への取組みが可能
　→ EMS の「意図した成果」の達成に影響を与えるものを特定
　例）EMS の意図した成果→持続可能な事業運営
　　　　リスク及び機会→人手不足、要員の力量、無駄な業務・・・

組織が取り組む
必要がある課題

EMS の活動はやり尽くした、マンネリ感・・・・
→リスク及び機会の特定を工夫することで、
　EMS 活動が広がる

リスク及び機会への取組みがポイント

取り組む必要があるリスク及び機会を決定していきます。

　ポイントは、取り組む必要があるリスク及び機会を決定する過程ではなく、それらに取り組んでリスクを軽減し機会を現実のものにすることです。そのため規格の **6.1.4 b) 2)** では、これらの取組みが有効であったかどうか、取組みの有効性を評価する計画についても要求事項となっています。

　また、リスク及び機会への取組みは環境目標として取り上げる場合も多くあります。

　環境に関連する緊急事態もリスクのひとつと考えられます。発生が想定される緊急事態を決定し、有害な環境影響を防止又は緩和する手段を予め決めておくことはリスクへの取組みのひとつです。これは **8.2 緊急事態への準備及び対応** で要求があるように、a) 緊急事態への対応を準備すること、b) 発生した緊急事態に対応すること、c) 緊急事態による結果を防止又は緩和するための処置をとること、d) 対応処置を定期的にテストすること、e) 発生後やテスト後には処置方法をレビューすること、f) 関連する人々に情報提供及び教育訓練をおこなうこと、というように詳細な内容が決まっています。また、緊急事態は **6.1.2 b)** にあるように、環境側面を評価するときに同時にとりあげます。

　取り組む必要があるリスク及び機会について、内部監査の狙いは３つあります。ひとつめは、取り組むと決定したリスク及び機会の計画が実施されているか、有効性の評価が事前に計画されているか、を監査することです。ふたつめは、これらの取組みの計画について、内容や範囲、時期が適切かどうか判断することです。取り組むと決めた視点が優れたものであっても、限られた部署のみでの取組みでは十分な結果を生まない場合があります。最後は新しいリスク及び機会の発見です。現場重視の内部監査では最も期待される部分です。

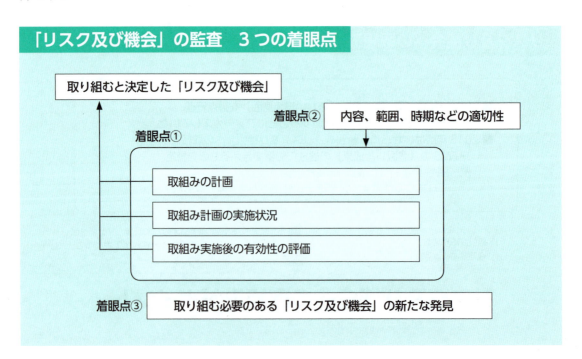

内部監査のポイント

○それぞれの部署やプロセスの監査で

・取り組む必要のあるリスク及び機会を決定している。**6.1.1**
　　環境側面に伴う環境影響に関連する不確かさ、順守義務の不確かさ、監視・測定の不確かさ、
　　人の作業の不確かさ、などを含む。
・決定したリスク及び機会は **4.1** の課題、**4.2** の要求事項を考慮している。**6.1.1**
・これらのリスク及び機会に取り組むための計画がある。**6.1.4**
・取組みの有効性を評価する方法を計画している。**6.1.4**
・取組みの有効性を評価する方法の計画に基づき、監視・測定、分析及び評価している。**9.1.1**
・非通常の状況及び合理的に予見できる緊急事態の環境側面、環境影響を決定している。**6.1.2**
・緊急事態への準備及び対応のために必要なプロセスを確立している。**8.2**

○マネジメントシステムの監査で

・リスク及び機会の取組みの有効性について、監視、測定、分析及び評価の結果をマネジメン
　トレビューで考慮している。**9.3**
・マネジメントシステムの継続的改善のための検討をしている。**10.3**

3（2）環境側面、緊急事態

　環境マネジメントシステムの活動は、その適用範囲における組織の活動、製品及びサービスの持つ環境側面と環境影響が出発点となります。現在の活動、製品及びサービスの環境側面が、将来的にどのような環境影響をもたらすかを考えると、緊急事態の発生も含め、そこにリスクがあるということができます。また、現在の環境側面から有益な環境影響を見出すことは機会であるといえます。環境側面の要求事項はこの文脈で **6.1 リスク及び機会への取組み** の項に置かれています。

　環境側面を取り上げる時は、「組織が管理できる環境側面」と「組織が影響を及ぼすことができる環境側面」が必要です。特に後者は、組織が使用する原材料の供給者、サービスの提供者、業務の委託先などに対して、環境面での影響力を行使することを意味します。また、環境側面を取り上げる時は、組織の活動、製品及びサービスのライフサイクルの視点を考慮すること、これらの変更を考慮すること、それぞれの非定常の状況や緊急事態を考慮すること、などが重要です。

　環境側面に取り上げたら、それぞれの環境影響を評価し、著しい環境側面を決定します。すでに多くの組織では、取り上げた環境側面ごとに何らかの基準で点数評価をして、「著しい環境側面」を決定する手順をお持ちでしょう。その手順に沿った、著しい環境側面決定の経緯を記録していることと思います。2015年版では「環境側面及びそれに伴う環境影

巻末付録

響」、「著しい環境側面を決定するために用いた基準」、「著しい環境側面」の3つを文書化した情報として維持することとしています。

こうして決定した「著しい環境側面」は、何らかの関連した活動を伴います。逆に言うと、前の章でお話しした、組織の環境経営に関連した活動や環境パフォーマンス指標を設定した活動が「著しい環境側面」として過不足なく取り上げられていることが必要です。これらの活動は、普段の業務の中で展開し、パフォーマンス指標の監視・測定を通じて、活動の有効性を評価することが重要です。

環境側面の中には、非通常（通常ではない）の状況や緊急事態も含まれます。これらの中で「著しい環境側面」と決定したものは関連した活動を伴いますが、緊急事態への対応は、すでに**3（1）リスク及び機会への取組み**の中で取り上げたとおりです。

内部監査では、組織の活動、製品及びサービスについて広範な環境側面が取り上げられていること、そこから決定された「著しい環境側面」が、組織の環境経営に関連した活動や環境パフォーマンス指標を設定した活動と連動していること、をチェックします。

内部監査のポイント

○それぞれの部署やプロセスの監査で
- 環境側面及び環境影響を評価し、著しい環境側面を決定するプロセスがある。**6.1.2**
- 部署やプロセスの活動、製品及びサービスにふさわしい環境側面を決定している。**6.1.2**
- ライフサイクルの視点からの環境側面を決定している。**6.1.2**
- 組織が影響を及ぼすことができる環境側面を決定している。**6.1.2**
- 環境側面の決定を、活動、製品及びサービスの変更及び変更計画に対し最新化している。**6.1.2**
- それぞれの環境側面について、環境影響の評価を通じて著しい環境側面を決定している。**6.1.2**

○マネジメントシステムの監査で
- 外部、内部課題に関連する情報、著しい環境側面、リスクおよび機会に関する情報の変化をマネジメントレビューで考慮している。**9.3**

4 | 事業プロセスへの統合

4（1）環境マネジメントシステムを構成するプロセス

　5.1 リーダーシップ及びコミットメント c) にはこの規格の要求事項を組織の事業プロセスに統合する、ということが述べられています。これは、現在の事業を営むためのさまざまなプロセスと環境マネジメントシステムの運用が乖離してはならないという意味です。

　従来の規格にあった「手順を確立し・・・」という要求事項は、どうしてもこのための手順を別途作って運用する、という意味に受け取られやすいものでした。しかし規格が求めているのは、あくまでも日常的な業務の中に環境マネジメントシステムの活動を組み入れることです。環境のための担当者、環境のための会議、環境のための手順書、それらを否定するものではありませんが、実務と乖離した取組みに陥らないようにする必要があります。

　プロセスという言葉は **4.4 環境マネジメントシステム** の要求事項の中に初めて出てきます。そこからは、環境マネジメントシステムは、複数のプロセスによって構成されていること、そしてこれらのプロセスは相互に関連していること、が読み取れます。ISO 14001 では明示していませんが、ISO 9001 と同じくプロセスアプローチの考え方をここに見ることができます。

　ISO14001 で取り上げているプロセスは次の通りです。
① 取り組む必要があるリスク及び機会を決定するプロセス **6.1.1**
② 環境側面及び環境影響を評価し、著しい環境側面を決定するプロセス **6.1.2**
③ 環境側面に関する順守義務を決定するプロセス **6.1.3**
④ 著しい環境側面、順守義務、①で特定したリスク及び機会への取組みを計画するプロセス　**6.1.4**
⑤ 環境目標を達成するための取組みプロセス **6.2.2**
⑥ 内部及び外部のコミュニケーションに必要なプロセス **7.4.1**
⑦ 製品又はサービスの設計及び開発プロセス **8.1 a)**
⑧ 緊急事態への準備及び対応のために必要なプロセス **8.2**
⑨ 順守義務を満たしていることを評価するプロセス **9.1.2**

　以上9つは、規格の中で具体的な内容を表したプロセスの要求事項です。これ以外に **8.1** には、「環境マネジメントシステム要求事項を満たすために必要なプロセス」としてこれ

巻末付録

ら全て及びそれ以外にも必要とするプロセスを「確立し、実施し、管理し、かつ維持しなければならない」としています。①から⑨について、多くの組織ではすでに手順は構築されていると思います。2015年版では、手順書の有無よりも、プロセスとして「確立し、実施し、管理し、かつ維持し」ていることが重要です。

内部監査員として、①から⑨のプロセスについて、どのような業務の流れになっているかを理解しておくことは重要です。内部監査を始める前にみなさんで話し合ってみてください。

EMSを構成するプロセス

必要なプロセス及びそれらの相互作用を含むEMSの確立、実施、改善（4.4）

① リスク及び機会の決定（6.1.1）
② 環境側面の決定（6.1.2）
③ 順守義務の決定（6.1.3）
④ ①～③への取組みを計画するプロセス（6.1.4）

⑤ 環境目標を達成するための取組みプロセス（6.2.2）

⑥ コミュニケーションに必要なプロセス（7.4.1）

⑦ 製品又はサービスの設計及び開発プロセス（8.1）

⑧ 緊急事態への準備及び対応のために必要なプロセス（8.2）

⑨ 順守義務を満たしていることを評価するプロセス（9.1.2）

事業プロセスとの統合（5.1）　　　設計、開発、調達、人的資源、販売、マーケティング…

内部監査のポイント

○それぞれの部署やプロセスの監査で

・プロセスに関する運用基準を定め、それに従った管理を実施している。**8.1**

・プロセスが計画通りに実行されるという確信を持つための文書化した情報を維持している **8.1**

・プロセスに必要な資源を明確にし、利用している。**7.1**

・プロセスに関する責任と権限を割り当てている。**5.3**

・プロセスの監視及び測定に関する事項を決定している。**9.1**

・プロセスの監視及び測定からのデータを分析し、分析の結果を評価している。**9.1**

○マネジメントシステムの監査で

・環境マネジメントシステムに必要なプロセス及びそれらの相互作用を決定している。**4.4**

・環境マネジメントシステムを満たすため、並びに **6.1** 及び **6.2** で特定した取り組みを満たすためのプロセスを確立している。**8.1**

巻末付録

4（2）日常業務が環境活動につながっている

　ISO14001：2015年版には、「組織の事業プロセスへの環境マネジメントシステム要求事項の統合を確実にする」という言葉が **5.1 リーダーシップ及びコミットメント c)** に出てきます。ここには、「ISO14001に含まれる要求事項は、それだけを取り上げて別途実施するものではなく、日常の業務プロセスの中に組み込んで実施するものであり、それをトップマネジメントが率先してコミットしなければならない。」という強いメッセージが込められています。ISO14001マネジメントシステムの本来のあるべき姿を示しているといえます。

　そのためには、規格中心の考え方から業務中心の考え方へと方向転換を図らなければなりません。「～をしなければならない。という要求事項があるから、～を実施している。」ではなく、「この業務の持つ環境側面は～だから、その環境影響に取り組む活動を要求事項に基づき決定して実施する。その成果は、～の環境パフォーマンス指標で評価する。」という理解への転換です。従って、前項で説明した「環境マネジメントシステム要求事項を満たすために必要なプロセス」とは、全ての日常業務の中に組み込まれている、といっても過言ではありません。

　ISO14001採用の理由に、環境への対応という社会に対するコンプライアンスを中心に据えたマネジメントシステムで、業務改善と人材育成の実現を図る、ということを挙げる組織があります。業務改善とは、製造業であれば生産効率を上げ、歩留まりを向上させることです。サービス業であれば、効率を良くしてサービス向上を図ることでしょう。これらの業務改善は、多くの日本の企業で課題となっている業務の標準化とともに、人材育成や労働時間の削減を実現します。このことが組織活動の環境負荷を減らし、環境パフォーマンスを向上させることにつながります。環境を取り込んだ組織の事業戦略と一致するわけです。ISO14001は、ISO9001とはアプローチが異なる、もう一つの業務改善ツールである、ということができます。

　内部監査では、日常業務と環境活動の関係を深く見ていきましょう。事務所の電気使用量の削減は休憩時間の消灯奨励や冷暖房の温度設定だけが活動ではなく、業務効率を上げて事務所全体の残業時間を減らすことも方策として重要であることにも注目していきましょう。事務所の消灯時刻は環境パフォーマンス指標でもあるわけです。その上で、組織の環境マネジメントシステムがめざす成果の達成に向けた活動として、確実につながっていることを確認しましょう。

日常業務を中心とした内部監査

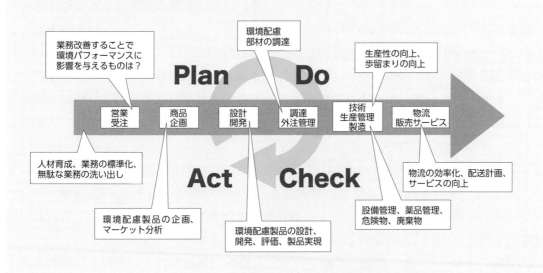

規格中心から業務中心の内部監査へ

内部監査のポイント

○それぞれの部署やプロセスの監査で
- 環境マネジメントシステム要求事項を満たすためのプロセスを、組織の事業プロセスと統合して確立し、実施し、管理しかつ維持している。8.1
- 製品又はサービスの設計及び開発プロセスにおいて、ライフサイクルを考慮した要求事項に、確実に取り組んでいる。8.1
- 製品及びサービスの調達に関する環境上の要求事項を決定している。8.1
- 請負を含む外部提供者に関連する環境上の要求事項を伝達している。8.1
- 製品及びサービスの輸送又は配送、使用、使用後の処理及び最終処分に伴う潜在的な環境影響に関する情報の提供を考慮している。8.1
- 測定結果の信頼のため必要な場合、校正又は検証された監視機器及び測定機器を使用し、維持している。9.1.1

○マネジメントシステムの監査で
- 環境マネジメントシステムのプロセスが組織の事業プロセスに統合することを、トップマネジメントがコミットしている。5.1
- 事業プロセスへの環境マネジメントシステムの統合について改善の指示が、マネジメントレビューのアウトプットに含まれている。9.3

巻末付録

4（3）要員の力量と認識

2004 年版では、力量を決定する対象者を「著しい環境影響の原因となる可能性をもつ作業を実施する人」とし、「これらの人々が力量をもつことを確実にする」と要求していました。一方、2015 年版 **7.2 力量** では、「組織の環境パフォーマンスに影響を与える業務、及び順守義務を満たす組織の能力に影響を与える業務を組織の管理下で行う人」を対象としています。力量を決定すべき対象者が従来より拡大されています。特に「組織の管理下で」と言うことによって、所属ではなく組織の指揮命令や管理権限の及ぶ領域の人を対象としていることが特徴です。

次に **7.3 認識** においても、上記の力量と同じく組織の管理下で働く人々を対象にしています。自分の業務に関係する著しい環境側面とその環境影響に対する認識、環境パフォーマンス向上や環境マネジメントシステムの有効性に対する自らの貢献についての認識、順守義務を満たさないことの意味についての認識、などを求めています。

内部監査では、「組織の管理下で働く人々」の範囲を確認した上で力量や認識の監査を始めましょう。力量については個々の人が力量を備えていることを見る以外に、例えばある日突然欠勤や欠員が生じても、代わりの人がすぐに引き継げるように、業務の共有化や伝承の仕組みを力量の観点から監査するのも一つの方法です。特定の個人がいないと仕事が回らないといったことは、環境マネジメントシステム上も好ましいことではありません。

認識については、日常業務の中で環境側面や環境パフォーマンスをどのように意識しているか、インタビューなどを通して監査します。トップマネジメントの掲げる環境方針が組織内へどの程度浸透しているかを測ることになります。

内部監査のポイント

○それぞれの部署やプロセスの監査で
・組織の管理下で業務をおこなう人（又は人々）に必要な力量を決定している。**7.2**
・必要な力量を身につけるために、教育・訓練のニーズを決定している。**7.2**
・教育・訓練など、必要な力量を身につける処置をおこない、その有効性の評価をしている。**7.2**
・働く人々が、マネジメントシステムの有効性に対する自らの貢献を認識している。**7.3**

○マネジメントシステムの監査で
・環境マネジメントシステムの有効性に寄与するよう、組織の人々をトップマネジメントが支援している。**5.1**

4（4）順守義務と順守評価

　4（1）のプロセスの説明では順守義務に関し「③ 環境側面に関する順守義務を決定するプロセス 6.1.3」と「⑨ 順守義務を満たしていることを評価するプロセス 9.1.2」、の二つのプロセスがでてきました。それぞれの違いを理解するため、少し詳しく見ていきましょう。

　③のプロセスは、順守すべき法令規制、自主基準や業界基準、利害関係者との合意事項、契約上の取決められた義務など、環境マネジメントシステムとして「何を順守しなければならないか」という対象を決めて、それを満たすために「（どの部署が）何をするか」を決める過程です。その決定は次に、「④ 著しい環境側面、順守義務、①で特定したリスク及び機会への取組みを計画するプロセス 6.1.4」に引き継がれて、実施の計画を立てて、該当する業務プロセスの中で実行されます。実行にあたっては、適切な力量のある人が、順守義務を満たさないことの意味を認識して業務にあたります。

　⑨のプロセスは、先に決めた全ての項目について、順守していることを評価する、つまり順守している／していない、を確認する活動のことです。そこには届出書類の確認のように、一年に一回確認すればいいものもあります。工場排水の水質測定のように毎日環境基準の順守を評価しなければならないものもあります。これら全ての評価結果が、9.3 マネジメントレビュー の d) 3) のインプット情報に考慮されているか、その関連が内部コミュニケーションのプロセスとして確立されているか、が内部監査の一つのテーマです。

　「内部監査で順守評価をします。」ということを時々お聞きしますがそれは間違いです。順守評価はあくまでその業務の責任部署の仕事です。内部監査では順守評価が正しく行われているかどうか、を監査します。

巻末付録

順守義務に対する PDCA

Plan
- 利害関係者のニーズ・期待で順守義務となるもの（4.2）
- EMS の適用範囲に順守義務を考慮（4.3）
- 環境方針には順守義務のコミットメント（5.2）
- 環境側面に関係した順守義務を特定し、参照（6.1.3）
- 順守義務への取組みの計画策定（6.1.4）
- 環境目標は順守義務を考慮に入れる（6.2.1）

Do
- 順守義務の特定、評価業務に対する力量（7.2）
- 順守義務を含む EMS 要求事項に適合しないことに対する認識（7.3）
- コミュニケーションプロセスに順守義務を考慮（7.4.1）
- 順守義務の要求に従った外部コミュニケーション（7.4.3）
- 順守義務の適合のための運用管理（8.1）
- 順守状況に関する知識と理解の維持（9.1.2）

Act
- マネジメントレビュー（9.3）
- 不適合及び是正処置（10.2）

Check
- 監視、測定、分析及び評価（9.1.1）
- 順守評価（9.1.2）

内部監査のポイント

○それぞれの部署やプロセスの監査で
- 環境側面に関する順守義務を決定するプロセスがある。6.1.3
- 順守義務を満たす方法が確立している。6.1.3
- 働く人々が、組織の順守義務を満たさないことの意味を認識している。7.3
- 順守義務に関する文書化した情報を維持している。6.1.3, 7.5
- 順守義務を満たしていることを評価するプロセスがある。9.1.2
- 順守義務に対し、順守状況に関する知識と理解を維持している。9.1.2
- 順守義務を満たしていないことが判明したとき、不適合として処置している。10.2

○マネジメントシステムの監査で
- 順守義務に関する変化をマネジメントレビューで考慮している。9.3
- 順守義務を満たすことに関する傾向をマネジメントレビューで考慮している。9.3

5 | ライフサイクル思考

5（1）ライフサイクルの視点

　2015年版のISO 14001では、環境マネジメントシステムによる管理と影響の範囲を、自組織が設計、生産、提供する製品及びサービスだけでなく、原料の採取から、製品の使用、消費、廃棄に至るまで、ライフサイクル全体に広げることを要求しています。

　6.1.2　環境側面 では、ライフサイクルの視点を考慮して、組織が管理できる環境側面、影響を及ぼすことができる環境側面、並びにそれらに伴う環境影響を決定することを要求しています。また、**8.1 運用の計画及び管理** でも、組織の上流（原料の採取から原材料の調達に至る流れ）及び下流（製品・サービスの提供に伴う物流、販売、使用から最終廃棄に至る流れ）を含めたライフサイクルの視点で、次の要求事項があります。

- 製品及びサービスの設計・開発プロセスで、環境上の要求事項が取り組まれるように管理する。
- 製品及びサービスの調達に関し、環境上の要求事項を決定する。
- 請負を含む外部提供者に、環境上の要求事項を伝達する。
- 製品及びサービスの使用から最終処分に至る環境影響の情報提供について考慮する。

ライフサイクルの視点を入れることで、製品及びサービスの設計段階やアウトソース先の管理などに環境上の要求事項を取り込むことができます。このことは、組織の環境活動に幅ができることを意味するだけでなく、ライフサイクルを考慮した環境パフォーマンスの向上を通して、実効性のある環境マネジメントシステムを展開することが期待できます。

　このように新しい規格では、組織の本来業務である製品及びサービスに注目した環境影響を取り上げなければならないことを、はっきりと宣言しています。紙・ゴミ・電気の削減だけを取り扱う環境マネジメントシステムは本来の規格の意図ではないことを改めて示したことになります。

　内部監査において、自社の製品及びサービスが持つ環境影響を洗い出し、管理できるものを取り上げ確実に管理する、また、管理できないものの中から影響を及ぼすことができるものを取り上げ、アウトソースや請負を含む外部提供者に伝達する、という組織の活動について整理が必要でしょう。

ライフサイクルの視点

| ライフサイクル
（用語及び定義 3.3.3） | 原材料の取得又は天然資源の産出から、最終処分までを含む、連続的で、かつ、相互に関連する製品システムの段階群。 |

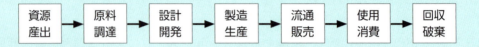

資源産出 → 原料調達 → 設計開発 → 製造生産 → 流通販売 → 使用消費 → 回収破棄

| 著しい環境側面
（6.1.2） | ライフサイクルの視点を考慮して管理できる環境側面、影響を及ぼすことができる環境側面を決定 |

| 運用の計画及び管理
（8.1） | ライフサイクルの視点に従って運用の計画、管理を実施 |

- 製品、サービスの設計開発プロセスで、環境上の要求事項が取り組まれるように管理
- 製品、サービスの調達に関し、環境上の要求事項を決定
- 請負者を含む外部提供者に、環境上の要求事項を伝達
- 製品及びサービスの使用から最終処分に至る環境影響の情報提供について考慮

内部監査のポイント

○**それぞれの部署やプロセスの監査で**
- 環境側面を決定するとき、ライフサイクルの視点を考慮している。6.1.2
- 設計・開発プロセスで、ライフサイクルの各段階を考慮して、環境上の要求事項に取り組んでいる。8.1
- 製品及びサービスの使用から最終処分に至る環境影響の情報提供について考慮している。8.1
- ライフサイクルの視点に関連する外部コミュニケーションのプロセスがある。7.4.3

○**マネジメントシステムの監査で**
- マネジメントレビューからのアウトプットに、ライフサイクルの視点で環境マネジメントシステムの変更の必要性に関する決定がある。9.3

5（2）アウトソースを含む外部提供者の管理

　外部委託したプロセスをアウトソースと呼んでいます。**8.1 運用の計画及び管理** では、アウトソース先に加え、製品及びサービスに組み込むための原材料の調達先や、製品の輸送・保管、機械設備やコンピュータの保守、設備や事務所の清掃、廃棄物処理といったサービスの外部提供者を含めます。先に説明したライフサイクル視点に立つと、これら外部提供者のほとんどは組織の環境活動と何らかの関係を持っています。その関係に基づき、管理するのか、影響を及ぼすのかという管理の方式と程度を決めていくことになります。

　具体的には、工場や事業所内で労働力を提供している請負会社や人材派遣会社であれば、組織内の人々と同じレベルで環境活動に参加できるような管理の方式と程度が考えられます。一方、アウトソースであってもそのプロセスについては業界一の管理能力と設備を持ち、多くの会社から受託しているような場合、組織からあえて何か影響を及ぼすための環境上の要求事項を追加することは無いかもしれません。

　管理する、又は影響を及ぼす方式及び程度は、最適のものを最初から決めるのは難しいかもしれません。その時は、どのように管理するか、または影響を及ぼすかを一旦決めて運用し、結果としてのパフォーマンス評価、分析を通じてその適切性を判断する、というPDCAサイクルを採用すると良いでしょう。Pの計画では、管理を担当する部署を決め、次にどのように管理するか、または影響を及ぼすかを決めて、相手にそれを伝達します。もちろん相手の合意を得ることが前提です。同時に組織としてそれをどのようにチェックするか、という計画（監視及び測定の計画）も立てておきます。Dの実施は担当部署と相手組織との日常業務の中で行われます。Cは先に計画したチェックを行い、結果を評価します。管理すると決めた場合のチェックは厳格に行い、外部提供者の評価に繋げることが必要でしょう。影響を及ぼすと決めた場合でも、放置せずに、影響を及ぼした結果をチェックし、評価する必要があります。評価に基づき管理の方式と程度を改善するのがAとなり、PDCAが完結します。

　このPDCAを実施する責任は担当部署にあります。内部監査では内部外部の変化やリスクへの取組み状況の観点から、一旦決めた方式及び程度の適切性を正しく評価し必要な改善を行なっているかどうか、を監査することになります。

巻末付録

内部監査のポイント

○それぞれの部署やプロセスの監査で

・外部委託したプロセスについて、管理できる環境側面、影響を及ぼすことができる環境側面を決定している。**6.1.2**

・外部委託したプロセスについて、管理されている又は影響を及ぼされていることを確実にしている。**8.1**

・製品及びサービスの調達に関し、環境上の要求事項を決定している。**8.1**

・請負を含む外部提供者に、環境上の要求事項を伝達している。**8.1**

・外部委託したプロセスの環境パフォーマンスについて、監視、測定、分析及び評価している。**9.1.1**

・請負を含む外部提供者の環境パフォーマンスについて、監視、測定、分析及び評価している。**9.1.1**

○マネジメントシステムの監査で

・外部委託したプロセス及び請負を含む外部提供者の環境パフォーマンスに関する情報を、マネジメントレビューで考慮している。**9.3**

6 ｜ 環境コミュニケーション

6（1）環境コミュニケーションの確立

7.4.1（コミュニケーション）一般 の要求事項は、非常にシンプルに「環境マネジメントシステムに関連する内部及び外部のコミュニケーションに必要なプロセスを確立し、実施し、維持しなければならない」としています。**4（1）** では ISO14001 に出てくるプロセスをあげましたが、その中で最もとらえどころがないのがこのプロセスではないでしょうか。プロセスと言うからにはインプットとアウトプットがあります。この場合は情報源から出た情報がインプット、その情報を必要とする部署や人に伝えることがアウトプットでしょう。一旦流れた情報に対して返答を送ることもコミュニケーションです。このように双方向の情報伝達のプロセスを想定する必要があります。情報伝達の片側が外部である場合は外部コミュニケーションと言います。両方が内部の場合は内部コミュニケーションです。

このように考えると、環境に関わる様々な情報の全てが、確立されたプロセスを通じて組織の中を、又は外部との間を往来しなければならないことになります。

内部監査では、情報が途中で止まっていないか、常に正しい情報が流れているか、最も合理的な経路を流れているか、という観点で、流れを双方向から監査していきます。

内部監査のポイント

○**それぞれの部署やプロセスの監査で**

・内部及び外部とのコミュニケーションのプロセスが確立している。**7.4.1**

・コミュニケーションプロセスを確立するとき、コミュニケーションの内容、実施時期、対象者、方法を含んでいる。**7.4.1**

・コミュニケーションの証拠として文書化した情報を保持している。**7.4.1**

6 (2) 文書化した情報と内部コミュニケーション

　2015年版では「文書」という紙を連想する用語ではなく「文書化した情報」という「情報」を重視した用語を使うことによって、硬直した「手順書」からの解放を目指しています。多くの場合、これらの手順書に基づいて環境マネジメントシステムのための記録を作っていたのではないでしょうか。このような特別な記録を作りそれを回覧することによって、環境の内部コミュニケーションが成立していた、という場合も多くあると考えられます。これもまた、一つの確立したコミュニケーションのプロセスではありますが、冗長で効率の悪いものではないでしょうか。

　4 (1) で解説したように、環境マネジメントシステムの活動は日常業務の中に組み込まれなければなりません。この観点からは、コミュニケーションもまた環境のための特別のコミュニケーションプロセスではなく、日常業務のコミュニケーションに環境情報を的確に乗せていくのが理想です。

　環境パフォーマンスを監視・測定している現場から、それを分析・評価する部署や人への伝達がどのようになっているか。順守義務を実施している現場から、順守評価する部署や人への伝達がどのようになっているか。また、これらの評価結果を集約してマネジメントレビューに至る情報の流れがどのようになっているか。内部監査では、このような視点から **7.4.2 内部コミュニケーション** の要求事項を見ていくとともに、環境内部コミュニケーションのムリムダムラの排除を目指すと良いでしょう。

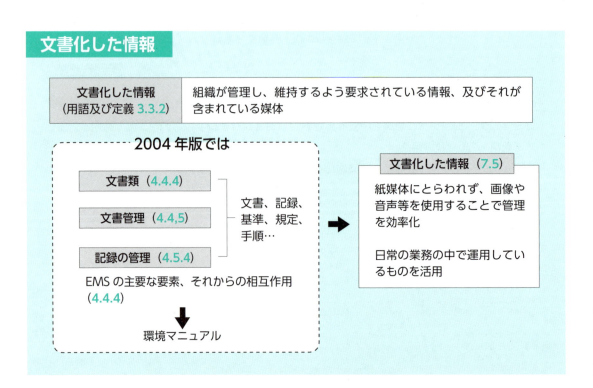

内部監査のポイント

○それぞれの部署やプロセスの監査で

・マネジメントシステムの有効性のために必要である文書化した情報を決定している。**7.5.1**

・適切性を確実にした上で、文書化した情報を作成および更新している。**7.5.2**

・文書化した情報を管理している。（利用可能である。十分に保護されている。）**7.5.3**

・コミュニケーションにより、組織の階層間、機能間で、環境マネジメントシステムに関連する情報交換ができている。**7.4.2**

○マネジメントシステムの監査で

・マネジメントレビューに、内部コミュニケーションのプロセスが引き続き適切、妥当かつ有効であることに関する結論がある。**9.3**

・マネジメントレビューに、内部コミュニケーションの変更の必要性に関する結論がある。**9.3**

ISO14001：2015年版と内部監査

6　環境コミュニケーション

241

巻末付録

6（3）広く利害関係者を想定した外部コミュニケーション

　環境マネジメントシステムで **7.4.3 外部コミュニケーション** というと、第一に行政当局とのコミュニケーションが連想されます。しかし、ここで考えなければならない「外部」とは、行政当局以外に、製品又はサービスの外部提供者、アウトソース先、直接の顧客、製品の消費者など、製品及びサービスのサプライチェーンに位置づけられる組織や個人があります。ここには当然、ユーティリティの供給者、廃棄物の運搬処理業者や組織が属する業界団体も含まれます。また、株主、投資家、報道機関、事業所や事務所が立地している地域社会（地域の自治体や住民）も対象になります。もっと広く社会一般全ての人々を対象にすることもあります。組織の環境マネジメントシステムとして、これら全ての「外部」とどのような関係にあるか、ということを予め把握しておくことが、内部監査を行う前提として必要です。

　その上で、組織として各対象の窓口がどこか、どのような情報がコミュニケーションされるかを考えます。窓口が受けた情報は、次に内部コミュニケーションで内部的に伝達処理されなければなりません。一方、外部に発信する情報に関しては、「確立したコミュニケーションプロセスのとおりに」「順守義務で決めたことに従って」決められた窓口担当の部署が、正確な情報をタイムリーに発信することになります。この情報は環境パフォーマンスについての情報を含みます。

　環境クレーム対応、行政対応、緊急事態発生時の対応など、外部コミュニケーションの重要性はますます増しています。また、投資家や報道機関などのグループも視野に入れて、広い視点から外部コミュニケーションの対象を整理することが必要です。

　企業の情報公開に対する信頼性や期待が高まる中で、2015 年版では、外部コミュニケーションに関連する要求事項が増えています。

　コミュニケーションプロセスでは、**9.1** の要求事項に従って監視、測定及び分析・評価した、信頼性のある環境情報を利害関係者等に提供しなければなりません。これにより、信頼性の高い環境マネジメントシステムを展開することができます。

外部コミュニケーションプロセスとPDCA

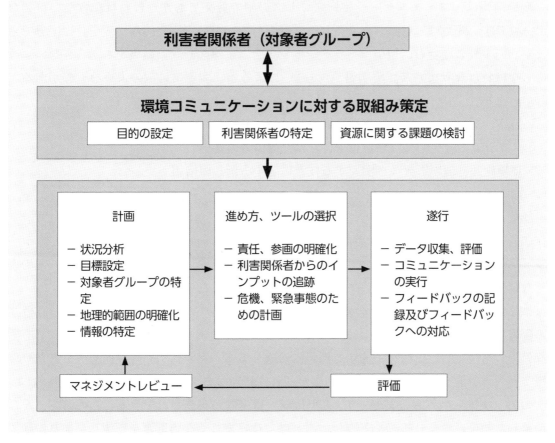

内部監査のポイント

○**それぞれの部署やプロセスの監査で**
・外部コミュニケーションについて、内容、実施時期、対象者、方法を決定している。7.4.3
・順守義務に関する外部とのコミュニケーションプロセスを確立している。7.4.3

○**マネジメントシステムの監査で**
・苦情を含む利害関係者からのコミュニケーションをマネジメントレビューで考慮している。9.3
・マネジメントレビューに、外部コミュニケーションのプロセスが引き続き適切、妥当かつ有効であることに関する結論がある。9.3
・マネジメントレビューに、外部コミュニケーションの変更の必要性に関する結論がある。9.3

巻末付録

6（4）変更管理

　変更情報は、コミュニケーションプロセスの中で捉えておかなければならない重要なテーマです。変更は「計画した変更」と「計画していない（突発的な）変更」に区分できます。いずれの場合も、環境マネジメントシステムに意図しない結果をもたらさないようにしなければなりません。附属書 **A.1 一般** によると、変更には次のようなものがあるとしています。

　　・製品、プロセス、運用、設備又は施設への、計画した変更
　　・スタッフの変更、又は請負者を含む外部提供者の変更
　　・環境側面、環境影響及び関連する技術に関する新しい情報
　　・順守義務の変化

上記のうち、はじめの２つについては、突発的な変更が発生する可能性があります。

　これらの変更への対応のためには、変更情報発生の時点から内部外部のコミュニケーションが重要になってきます。つまり、変更情報を迅速かつ正確に把握すること、どのような情報に対しどの部署が対応するかを予め決めておくことです。

　次に、把握した情報は、その変更による環境マネジメントシステムへの影響を評価する部署にタイムリーに伝達しなければなりません。評価する部署では評価と同時に「必要な処置」を決定し、処置を実施する部署に伝達します。実際は、新規設備導入にあたり環境アセスメントを実施する、という活動がこれに該当します。ここまでがＰ（計画）です。次のＤ（実施）は処置の実施です。Ｃ（確認）は処置が実施されていることの確認、及び期待した効果、つまり処置を実施したことにより好ましくない影響を期待した通り排除できたかどうか、の確認です。処置が十分に実施されていなければ、期待した効果も出ません。改善を必要とする点を考え、改善を実行するのがＡ（改善）です。新規設備導入にあたり実施する環境アセスメントのＣ（確認）やＡ（改善）は大丈夫ですか。内部監査で確認しましょう。

　突発的な変更の場合はＰ（計画）で多くの時間を取ることはできないでしょう。その時は最低限の処置を実施し、経過を十分に観察してＣ（確認）やＡ（改善）に注力します。もし、突発的な変更が原因となった環境パフォーマンスの低下が内部監査で発見されたら、再発防止策について一緒に考えてみましょう。

内部監査のポイント

○それぞれの部署やプロセスの監査で

・環境パフォーマンス改善のため、プロセスの変更が実施されている。**4.4**

・リスク及び機会への取組みの中に、従来の方法を変更した事例がある。**6.1.1**

・新規の開発、組織の活動、製品及びサービスの変更（変更の計画）に伴う環境側面及び環境影響を決定している。**6.1.2**

・目標を達成する為の計画の中に、従来の方法を変更した事例がある。**6.2.2**

・計画された変更は管理された状態にある。**8.1**

・意図しない変更によって生じた結果をレビューし、必要に応じて適切な処置をとっている。**8.1**

・不適合が再発しないように実施した処置（是正処置）の中に、従来の方法を変更した事例がある。**10.2**

・環境マネジメントシステムの変更の内容、実施状況、結果及び結果の評価について、種々の階層及び機能間で共有している。**7.4.2**

○マネジメントシステムの監査で

・マネジメントレビューに、環境マネジメントシステムの変更の必要性に関する結論がある。**9.3**

巻末付録

7 | 内部監査への期待と効果

7（1）トップマネジメントの期待に応える内部監査

　内部監査はなぜ実施するのですか、という問いに規格要求事項を満足するためです、という答えが返ってくることがよくあります。ISO14001 の登録をされている組織の場合、内部監査を実施しないと登録が維持できないのも事実です。確かに、内部監査というのは ISO マネジメントシステムの特徴のひとつです。しかし、監査という言葉の響きから、できるなら避けて通りたいという印象を受けるのかもしれません。監査員の養成から監査の実施、監査報告など一連の仕組みを運営することに苦労されている組織も多いと思います。要求事項として組み込まれているので仕方なく、という組織もあるでしょう。

　しかし、規格における内部監査の位置付けは、組織自らが行う、正に内部的なチェック機能です。そこでは、監査員は自らの仕事は監査しない、という独立性が重要です。組織には、トップマネジメントを頂点として、管理職を通して現場に至る指揮命令系統があります。それとは逆の向きに報告・連絡・相談という情報の流れがあります。内部監査は、これらの上下の流れとは別の情報ルートということになり、そこに内部監査の意味があります。

　監査には必ず監査の依頼者がいます。内部監査の場合これはトップマネジメントです。従って、**9.2 内部監査** の要求事項に沿った実施を前提に、トップの意向を汲み入れた内部監査、トップの期待に応える内部監査が目指す姿となります。これは、マネジメントレビューのインプット情報として内部監査の報告を必要としていることからも、明らかです。

　2015 年版では、**4.1 組織及びその状況の理解** に組織の内部外部の課題を明確にするという要求事項があります。この内部の課題を把握する時に、トップマネジメントが職制によって入手した情報を基にするのは当然ですが、内部監査で得た情報を用いてこれらを補完することによって、より正確な課題を特定できることになります。またこのように内部監査で得た情報を利用することは、仕事や職場の課題を解決する早道でもあるでしょう。

246

7（2）内部監査プロセス

　内部監査もひとつのプロセスとして考えると、そこに PDCA が見えてきます。計画（P）の段階では、単に日程計画を立てるだけではなく、監査によって何を達成するのかという監査の目的を決めることが大切です。このときにトップの意向を十分聞いて、トップが求める成果を目指すと良いでしょう。実施段階（D）では、最初に監査対象となる部署の事前調査を行い、現状分析しておくことが大切です。これによって、監査目的を達成するための監査の道筋を決めます。監査実施にあたっては監査員の力量が問われますが、初めから高い成果を得ることはできません。監査能力を少しずつ高めていく努力が必要です。そのためにも監査終了後の振り返り（C）が重要です。今回の内部監査で達成できたこと、できなかったこと、足りなかったこと、などを監査員が話し合う時間は計画段階で確保しておきます。この振り返りが次回に向けた改善（A）につながります。

内部監査のPDCA

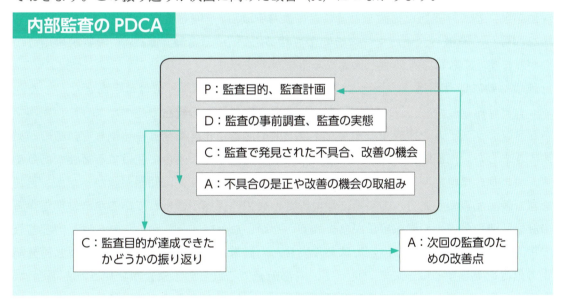

7（3）環境活動に伴う不適合の発見と是正処置

　環境マネジメントシステムの中でどの様な不適合が今までに報告されていますか。工場では各種の排出規制値またはその管理値に対する不適合があります。これは、判明したら直ちに不適合を管理し、修正するための処置をとる必要があり、**10.2 不適合及び是正処置** の要求事項が該当します。

　環境目標の未達を不適合として報告している事例が多く見られますが、再検討が必要です。2015 年版の **10.2 不適合及び是正処置** では、該当する場合は不適合に対し修正処置を取ることが要求事項です。しかし、目標の未達を不適合としたときには修正処置をとることができません。修正は目標値を書き換えること、という話がありますが、これでは筋がとおりません。環境目標の未達に対しては、**9.1 監視、測定、分析及び評価** の要求事項を適用するのが適切と考えられます。未達であった場合はその結果を分析・評価し、評価結果に基づき適切な処置をとることにより PDCA を回します。これにより取組み方法を改善し、環境パフォーマンスを向上させるという **10.3 継続的改善** の要求事項につながります。これは是正処置とは異なる手続きです。

　環境活動に伴う不適合の報告というのは、今までこれら以外にはほとんどなかったかもしれません。しかし、2015 年版では **4 事業プロセスへの統合** で述べたように、環境マネジメントシステムを構成する様々なプロセスや活動が日常業務と一体化しているのが見えてきました。内部監査では、これら業務の中で発生する不適合に注目する必要があります。つまり、環境に関連する内部及び外部コミュニケーションに問題が無かったか、苦情を含む製品品質の不適合への対処に環境影響の緩和の視点が含まれているか、外部提供者の評価基準に環境上の要求事項が含まれているか、などです。しかしこれらは、内部監査で毎回指摘されて改善する内容ではありません。日常の管理の中で不適合を発見し再発防止の処置を実施する問題です。従って、内部監査でこれらの不適合が発見された場合は、今後の同様の不適合が職場で自ら発見できるよう、仕組みを含めた是正処置が必要です。

内部監査のポイント

○それぞれの部署やプロセスの監査で
- 環境マネジメントシステムの変更や順守義務に関する内部コミュニケーションに不適合があった。**7.4.2**
- 順守義務や順守評価に関する外部コミュニケーションに不適合があった。**7.4.3**
- プロセスの運用基準に従ってプロセスを管理しているときに不適合が見つかった。**8.1**
- 計画した変更を管理しているときに不適合が見つかった。**8.1**
- 意図しない変更の結果をレビューしているときに不適合が見つかった。**8.1**
- 外部委託したプロセスを管理しているときに不適合が見つかった。**8.1**

○マネジメントシステムの監査で
- 不適合及び是正処置の傾向を、マネジメントレビューで考慮している。**9.3**

7（4）効果的な内部監査で現場の課題解決を

　内部監査で発見される不適合の多くは「・・・の記録が無い」など、決められたことが実施されていない、というところから始まります。そこから、実施すべき役割の人が実施するのを忘れていた、という原因を見つけ、その人に注意して処置を終了する、という流れが多く見られます。しかし、内部監査が業務を行う人の不備を発見するだけであるなら、組織の中で定着させるのは無理ですし、規格もそれを求めているわけではありません。不備が見つかった時点からその業務の前後を辿り、仕組みの問題点を探る監査が求められています。つまり不適合が見つかったところが、仕組みを探る監査の出発点となります。監査を進める中で、仕組みの問題点が見えてきた時は、監査を受ける側と解決策についても話し合ってみてください。関係する他部門の監査で更に情報収集を必要とする点があれば、それも取り入れてください。このようにして、内部監査が課題解決の道具として機能し、認知されることが重要です。

　監査結果は先ず **9.2.2 c)** にあるように、関連する管理層に報告されます。報告内容は必ずしも管理層に歓迎される内容とは限りません。時には耳の痛い内容が監査で見つかることもあります。内部監査員はその時、トップマネジメントの意向に沿った監査である事、環境マネジメントシステムの改善や環境パフォーマンス向上のため必要である事、など監査結果を導いた根拠を説明し、安易な取り下げを行うべきではありません。管理層への報告が必要である理由は、是正処置を遅滞なく行うためです。次に監査報告は **9.3 マネジメントレビュー d) 4)** にあるように、マネジメントレビューで考慮しなければならないインプットとなり、トップマネジメントに報告されます。

執筆者略歴

森廣 義和

一般財団法人 日本品質保証機構
マネジメントシステム部門　ISO 関西支部特別参与
1977 年　明治乳業入社
1992 年　カーギルジャパン入社
2003 年　一般財団法人 日本品質保証機構　入構
マネジメントシステム部門認証センター副所長、理事・審査事業センター所長等を歴任。
以下の規格に関して主任審査員の資格を有し、マネジメントシステムの審査業務等に従事。
ISO 9001、ISO 14001、OHSAS 18001、ISO 22000、FSSC 22000

江波戸 啓之

一般財団法人 日本品質保証機構
マネジメントシステム部門　審査事業センター所長
1992 年　一般財団法人 日本品質保証機構　入構
マネジメントシステム部門審査事業センター品質審査部長等を歴任。
以下の規格に関して主任審査員の資格を有し、マネジメントシステムの審査業務等に従事。
ISO 9001、ISO/IEC 27001、ISO/IEC 20000-1、ISO22301、ISO 39001、JIS Q 15001、
ISO 29990、CSMS、運輸安全マネジメントシステム評価

髙草 英郎

一般財団法人 日本品質保証機構
マネジメントシステム部門　審査事業センター
1972 年　日本長期信用銀行　入行
1998 年　一般財団法人 日本品質保証機構　入構
広報課長等を歴任し、現在セミナー講師等に従事。

増補改訂版 内部監査力パワーアップの秘訣!!

定　価　本体 3,500 円(税別)

2016 年 12 月 21 日　　第 1 版発行
2018 年 11 月 21 日　　増補改訂版発行

....

編　著　一般財団法人 日本品質保証機構

発行所　一般財団法人 日本品質保証機構
　　　　〒 101-8555　東京都千代田区神田須田町 1-25
　　　　教育・出版サービス事務局
　　　　TEL.03-4560-5660　FAX.03-4560-5773
　　　　https://www.jqa.jp

発売元　日販アイ・ピー・エス株式会社
　　　　〒 113-0034　東京都文京区湯島 1-3-4
　　　　TEL.03-5802-1859　FAX.03-5802-1891

ISBN978-4-908459-03-0

本書は著作権法上の保護を受けており、本書の全部または一部を無断で複写複製(コピー)することは
禁じられています。
©2018 JAPAN QUALITY ASSURANCE ORGANIZATION ／ Printed in Japan